ちくまQブックス

SDGs時代の食べ方
世界が飢えるのはなぜ？

井出留美

筑摩書房

編集協力
「エシカルはおいしい!!」編集部
本書は「エシカルはおいしい!!」連載の
「数字でわかる食品ロス」を加筆・再編集したものです。
https://www.ethicalfood.online

はじめに

地球上には、世界の全人口にあたる78億人のお腹《なか》を満たすのに十分な食料が生産されているにもかかわらず、新型コロナウイルスが世界中に広がる前で、すでに6億9000万人もの人が飢《う》えています。(1) なぜ飢餓《きが》や飢饉《ききん》が起こるのでしょう。この飢餓人口の数字は、二〇二〇年からのコロナ禍《か》でさらに1億人以上増えたと推察されています。

飢餓が増えると主張しました。食料供給の不足が飢餓の要因だと言ったのです。

『人口論』という本を書いたマルサス(2)は、人口が増え、食料の生産が追いつかずに、

これに対し、ノーベル経済学賞を受賞したインドの経済学者、アマルティア・センは、飢餓の要因は食料不足だけではなく、食料を入手する権利や能力がないためだと指摘《してき》しました。(3) 世の中の不平等が飢餓をもたらしているというのです。物理的に食料

が足りていたとしても、流通している食料を手に入れるためにはお金が必要です。お金のない貧しい人は食料を手に入れられないのです。

紛争《ふんそう》が起きている地域では、人々は、食料のあるところまで行くことができません。たとえ食料が十分にあったとしても、世界に貧困や紛争がある限り、飢餓はなくならないのです。SDGs《エスディージーズ》は、貧困や紛争をなくすことを目指していますが、解決するのがとても難しい、大きな問題です。

では、わたしたちには何もできないのでしょうか？ そんなことはありません。そのひとつが食品ロスを減らすことです。食べられるのに捨てられる食品は、世界の食料生産量の3分の1（13億トン）にものぼります[4]。

日本では、年間600万トンの食品ロスを出しています[5]。これは、東京都民1400万人が1年間に食べている量に匹敵《ひってき》すると言われています[6]。

2020年10月にノーベル平和賞を受賞した国連WFP（国際連合世界食糧《しょくりょう》計

画）は、世界で食料を必要とする人たちへ、年間420万トンの食料を援助《えんじょ》していま す。(7)ということは、日本では、世界の食料援助量の約1・4倍もの食料を捨てているのです。日本の食料自給率は37パーセント。(8)自国で自給できないので、世界じゅうの国から、たくさんのお金とエネルギーをかけて輸入しています。運んだ食品の重さと距離《きょり》を掛《か》け合わせて算出する「フードマイレージ」の値《あたい》も、先進諸国の2〜3倍に相当します。それだけ経済や環境《かんきょう》に負担をかけておきながら、結局は捨てているというのです。

「捨てる」と一口に言っても、捨てられた食べ物は一瞬《いっしゅん》にして消えるわけではありません。日本では、焼却《しょうきゃく》処分することがほとんどです。焼却費用もかかるし、二酸化炭素を排出《はいしゅつ》するので環境への負荷《ふか》もかかります。日本のごみ焼却率は約80パーセント。(9)OECD（経済協力開発機構）加盟国の中でも、最もごみ焼却率が高いのです。(10)

日本以外の国では、食べ物のごみを燃やさずに埋《う》め立てる場合もあります。そうすると、二酸化炭素よりも温室効果が25倍以上も高いと言われるメタンガスが発生します。[11] 燃やしても埋め立てても、いずれにしても環境に負担をかけてしまうのです。環境に負荷がかかれば、農産物や魚、家畜《かちく》が育ちにくくなり、食べ物が手に入りにくくなってしまいます。

2050年には世界の人口が98億人を超《こ》えると予測されています。[12] 人口が増え、食料が不足すれば、今よりますます飢餓がひどくなる可能性があります。

この問題を解決するためには、この本を読んでいるあなたが行動しなければなりません。びっくりするかもしれないけれど、この問題の主人公はあなたなのです。あなたの行動で何を変えられるか、何を変えられないかを、この本を通して考えてほしいのです。一緒《いっしょ》にSDGs時代にふさわしい生き方を目指していきましょう。

◆注◆

1 国連WFPによる

2 トマス・ロバート・マルサス

3 『アマルティア・セン講義　グローバリゼーションと人間の安全保障』（ちくま学芸文庫）、『アマルティア・セン講義　経済学と倫理《りんり》学《がく》』（ちくま学芸文庫）

4 FAO（国連食糧農業機関）による

5 農林水産省および環境省の平成30年度推計値

6 東京都環境局「食品廃棄《はいき》物・食品ロス対策」
https://www.kankyo.metro.tokyo.lg.jp/resource/recycle/tokyo_torikumi/food_waste.html

7 国連WFP、2020年実績（2021年7月）

8 農林水産省　食料自給率（令和2年度）
https://www.maff.go.jp/j/zyukyu/zikyu_ritu/012.html

9 2021年3月30日、環境省発表、令和元年度

10 「生ごみ出しません袋《ぶくろ》」「燃やすしかないごみ」年間2兆円のごみ処理減らす自治体の取り組み（井出留《る》美《み》、2021年5月30日）
https://news.yahoo.co.jp/byline/iderumi/20210530-00240328/

11 日刊温暖化新聞
http://daily-ondanka.es-inc.jp/faq/archives/id003364.html

12 国連広報センター
https://www.unic.or.jp/news_press/info/33789/

SDGs時代の食べ方
世界が飢えるのはなぜ？

目次

1

食品ロスは世界でどのくらいあると思いますか?

食料生産量に対して

- 3分の1
- 4分の1
- 5分の1

答えは

「世界の生産量の3分の1」です！

毎年13億トンの食料が捨てられています（2011年、FAO：国際連合食糧《しょくりょう》農業機関の報告「世界の食料ロスと食料廃棄《はいき》」による）。作った食べ物の、なんと3分の1も捨ててしまっています（それより多い5分の2を捨てているという説もあります）。

「働き方」が問われる昨今《さっこん》。こんなに捨てるのなら、最初から作らなければ、働く人は、ずっとずっとラクだったのではないでしょうか。

無駄に失われるいのち

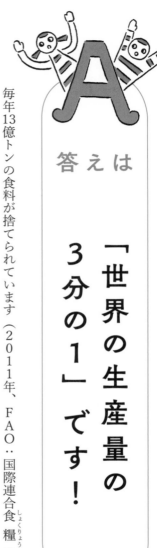

消費期限の手前の「販売期限《はんばい》」で棚《たな》から撤去《てっきょ》され廃棄される
コンビニの弁当類（コンビニオーナー提供）

牛や豚《ぶた》や鶏《にわとり》、魚のいのちも失われずに済みました。

そして、生き物やお米を育てている生産者の方々の苦労も。

農産物から食べ物を作る人たちや、それを運ぶ人たち、売る人たちの努力は、ぜんぶ、無駄《むだ》になってしまいました。

電気やガス、水道など、エネルギーもです。

こんな生活を続けていると、地球がひとつでは足りませんね。

食べ物は足りているのに足らない

世界の人口は、2050年までに、90億人を超《こ》えて100億人に近づきます。食べ物が足りません。飢《う》えや栄養不足で苦しむ人は約8億人、5歳《さい》未満の発育不良のこどもたちは約1・5億人います（国連「世界の食料安全保障と栄養の現状」2017年）。なぜかと言うと、食べ物は足りているのに、もっとも必要としている人たちのところに届いていないからです。

もし地球がひとつの家だったら、と考えたらどうでしょう。

たとえば、お腹《なか》のすいている人や栄養失調の人がいるのに、お金持ちで力がある人たちが、自分の食べる食料を大量にためこんで、ダメにしてしまうとしたら……。空腹の人や栄養失調の人が、十分な食べ物をとり、心身ともに健康になれる機会を、家族が奪《うば》っていることになります。

青年海外協力隊の食品加工隊員として活動していた著者（右端）。フィリピンの村で野菜の摂取《せっしゅ》を増やすため、栄養価の高いモロヘイヤを刻み、現地の人が好む揚《あ》げ春巻きの中に入れる調理方法を指導している（協力隊関係者撮影《さつえい》）

いまの地球上は、食べ物がない国の人は困っています。一方、食べ物がたくさんある国では、食べないうちに大量にだめにしてしまい、その食べ物を燃やしたり埋《う》めたりして環境に負担をかけ、食べ物となる農産物をますます育ちにくくしてしまっているのです。地球上に国境はありますが、土地も海もつながっています。

他者を思いやる

食料は無限にあるのではありません。
今は、地球というひとつの家で、限りある

フィリピンのシキホール島で作る豚の丸焼き、レチョン

量の食料を、一部の人が独占《どくせん》し、貧しい人に分け与《あた》えることなく、だめにしてしまっているのです。

地球をひとつの家と考えて、みんなでおいしく分け合うのがいいのではないでしょうか。京都大学前総長で霊長類学者の山極壽一《やまぎわじゅいち》先生によれば、人間はサルと違《ちが》って、他人に食べ物を分け与えることに喜びを感じる動物だそうです。人として生まれたなら、他者をおもんぱかり、社会的に弱い立場にある人や、未来の世代の人に配慮《はいりょ》し、人間らしく生きていきたいものです。

2

食品ロスは日本でどのくらいあるでしょうか？

- 東京都民が1年間に食べる量
- 愛知県民が1年間に食べる量
- 大阪府民が1年間に食べる量

答えは

「東京都民が1年間に食べる量」です！

東京都民は、およそ１４００万人。都民の年間食事量とほぼ同じ量の６００万トンが日本の食品ロス量です（「２０１８食品ロス年間発生量推計値」２０２１年４月27日、農林水産省と環境省《かんきょうしょう》発表）。これだけたくさんの人たちが、１年間、食べていけるだけの食料を、わたしたちは、毎年、捨ててしまっているのです。

２０１１年３月11日、東日本大震災《しんさい》が起こりました。被災地《ひさいち》はもちろん、首都《しゅと》圏《けん》でも、スーパーやコンビニの食べ物が棚《たな》から消えました。気候変動によって洪水《こうずい》や山火事、大型台風の災害が異常事態ではなくなった今日《こんにち》、いつでも、なんでも、どこにでも食べ物がある、というのは、当たり前の状態ではないのです。

東日本大震災後、勤務先の食品を支援《しえん》物資として
トラックで運び、積荷を下ろす著者（画面中央、関係者撮影）

東日本大震災から11年が過ぎた今でも避《ひ》難《なん》している方々がいらっしゃいます。それなのに、わたしたちは、食べ物のありがたみを忘れてしまっているように見えます。

いのちをいただく

イタリアで、代々、肉屋さんを営むある男性は、豚《ぶた》が食肉として処理される現場に行くと、「とてもつらい」と涙《なみだ》を流します。吊《つ》るされ、血を流す、豚たち。残酷《ざんこく》な光景です。

でも、これが、いのちをいただく、とい

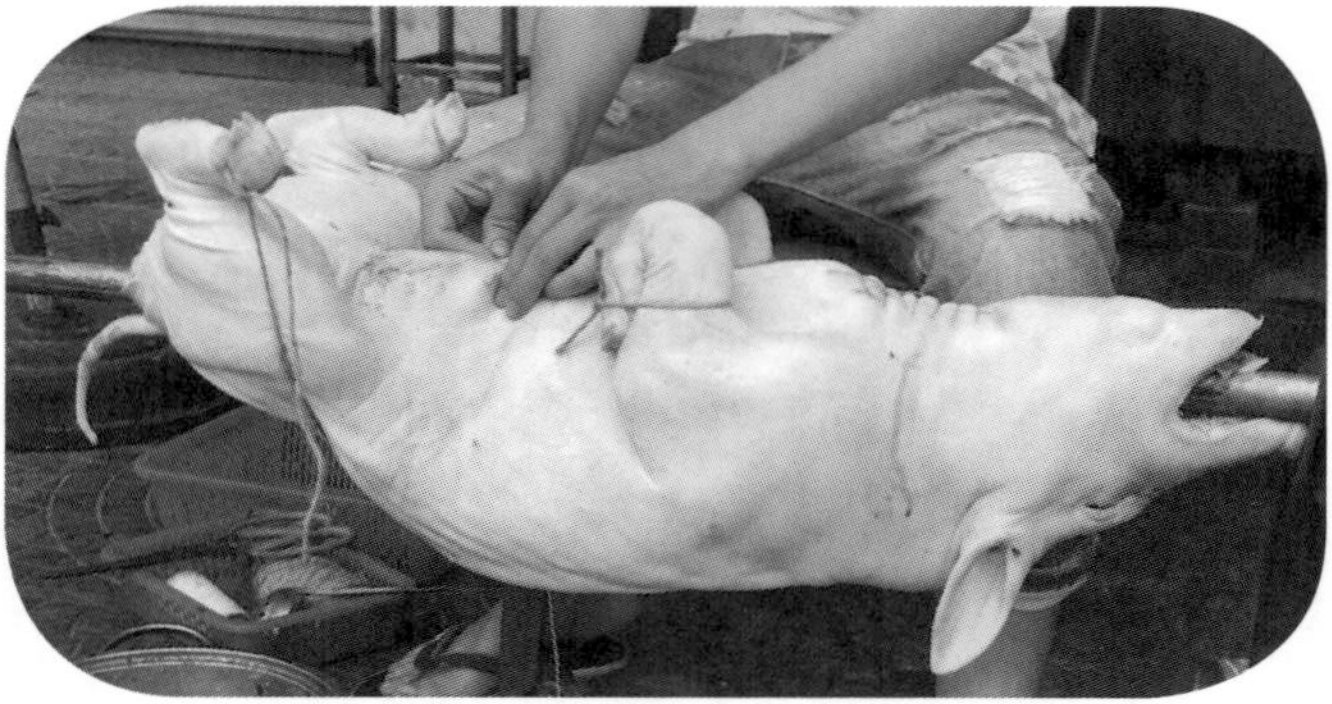

ベトナム・ハノイで豚の丸焼きを作るため処理される豚

うことなのです。

魚も同じ。

野菜も果物もそうです。

人は、生きていくために、他の生きもののいのちをいただいています。

「いただきます」とは、「いのち」をいただくという意味もあるのです。

肉でも魚でも野菜でも、それがどうやって食卓《しょくたく》に届いたか想像してみれば、それは「モノ」ではなく「いのち」に見えてくるのではないでしょうか？

牛乳だっていのち

牛肉になる牛（学校へ連れてきた牛そのものではありません）

東京のある小学校では、牛乳の飲み残しが毎日たくさん出ていました。牛乳のアレルギーなら仕方ありません。

そうではなく、牛乳が嫌《きら》いだから飲まないという子が大勢いたのです。

ある小学校の栄養士さんは、その小学校へ、牛を1頭連れてきました。生徒たちは牛のあたたかさに触《ふ》れました。

生まれて初めて、乳搾《ちちしぼ》りをしました。

牛からできたバッグやベルトを持ち寄って、どうやって作られたかを考える授業も行われました。

栄養士さんは、牛の血液から牛乳ができていることを生徒たちに伝えるため、赤い絵の具を溶《と》いた水を200本のペットボトルに入れ、見せました。

この授業のあと、牛乳の飲み残しが激減しました。

生徒たちは、牛乳は、単なるモノではなく、牛がいのちをふりしぼって生みだしたものだと理解したから、ではないでしょうか。

私たちが何気なく食べているのは、生きもののいのちそのものなのです。

3

アイスになくて冷《れい》凍《とう》食品にある表示は？

- 賞味期限
- 消費期限
- 品質保持期限

答えは「賞味期限」です！

消費期限（しょうひきげん）と賞味期限（しょうみきげん）は発音すると、一文字しか違《ちが》いません。漢字で見ても、「期限」と書いてあれば「そこまでしか食べられない」と認識してしまうでしょう。

消費期限は、おおむね、日持ちが5日以内のものにつけられます。

たとえば弁当、おにぎり、サンドウィッチ、生クリームのケーキなど。

それに対し、賞味期限は、品質が切れる日付ではなく、おいしさの目安です。

アイスクリームも冷凍《れいとう》食品も、同じように冷凍ケースで販売《はんばい》されます。

アイスは、基本的にマイナス18度以下で保存されるので、品質の劣化《れっか》がとてもゆるやかです。そのため、賞味期限表示は省略することができます。

一方、冷凍食品は酸化しやすい食品を含《ふく》んでいる場合もあり、パッケージに空間があることから食品の乾燥《かんそう》やタンパク質の変性が起こりうるので、賞味期限が設定されています。

賞味期限の決め方

メーカーは、
① 微生物《びせいぶつ》検査
② 理化学検査
③ 官能検査
の検査をして、おいしく食べられる期間（賞味期間）を設定します。

その数字に、1未満の安全係数を掛《か》けたものが賞味期限として表示されます。

国は0・8以上をすすめていますが、冷凍食品でも0・7を使っている企業もあります。

賞味期限と消費期限のイメージ

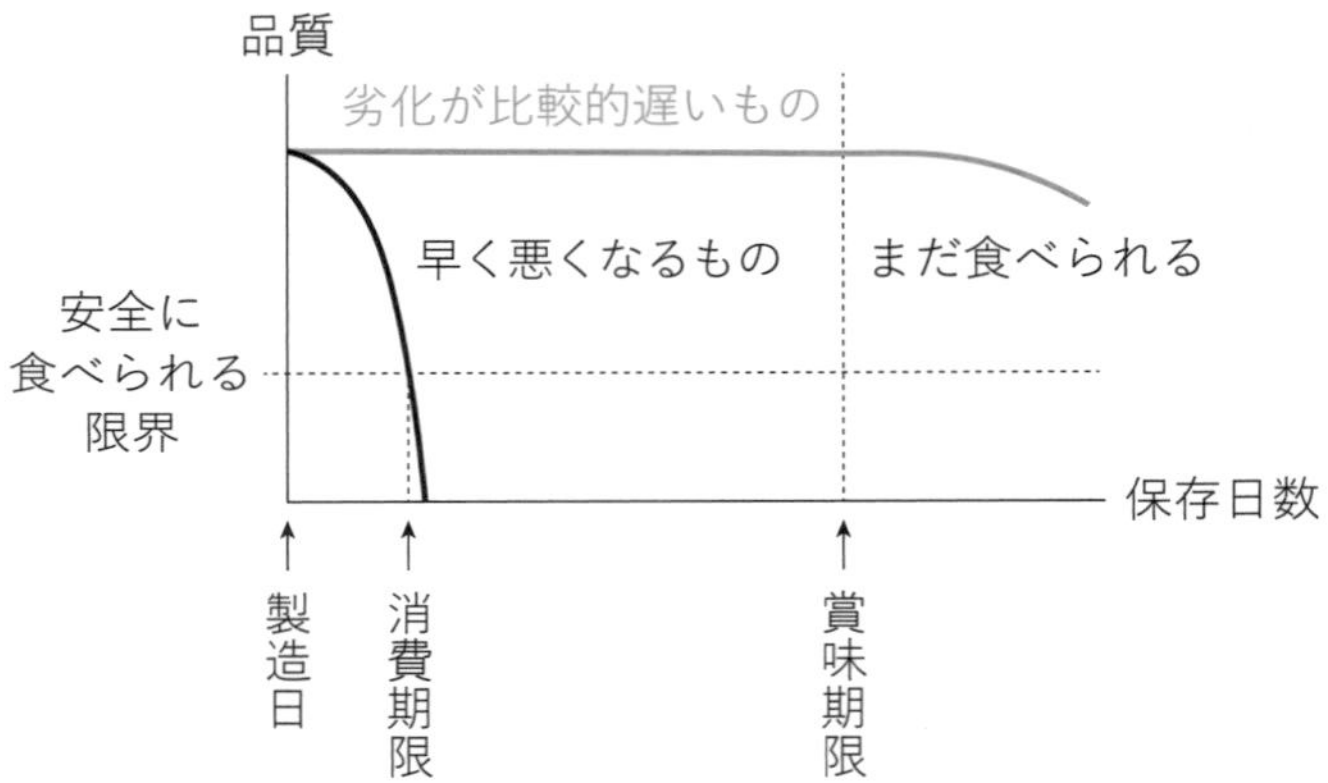

賞味期限（赤）と消費期限（黒）（農林水産省ホームページより作成）

1年以上日持ちする食品でも0・6を使ったり、菓子《かし》で0・3を使ったりしていたケースもありました。さまざまな状況《じょうきょう》とリスクを考慮《こうりょ》し、短めに設定されることが多いということです。でもさすがにこれは短すぎるので、国が0・8以上を推奨しているわけです。

それを知っていれば、日付が過ぎてすぐ捨てることはなくなるでしょう。

賞味期限が過ぎても、きちんと保管してあれば、すぐに捨てる必要はありません。自分でちょっと味見してみて、大丈夫《だいじょうぶ》であれば食べることができます。

4

冬場に
生で食べられる
卵の賞味期限は？

◆ 7日間

◆ 17日間

◆ 57日間

答えは

「57日間」です！

卵を生でおいしく食べられる日数は、夏と冬で違《ちが》います。

日本卵業《らんぎょう》協会によれば、夏は産卵後16日、冬は57日以内とされています。

レストランなど法人向けの卵は、「温度管理がしっかりしている」という理由で、夏と冬で賞味期間（27ページ参照）を変えています。

でも、一般《いっぱん》消費者であるわたしたちがコンビニやスーパーで買う卵は、夏も冬も、「夏に生で食べる」場合の基準をあてはめて、パックしてから一律2週間と決められていることが多いのです。

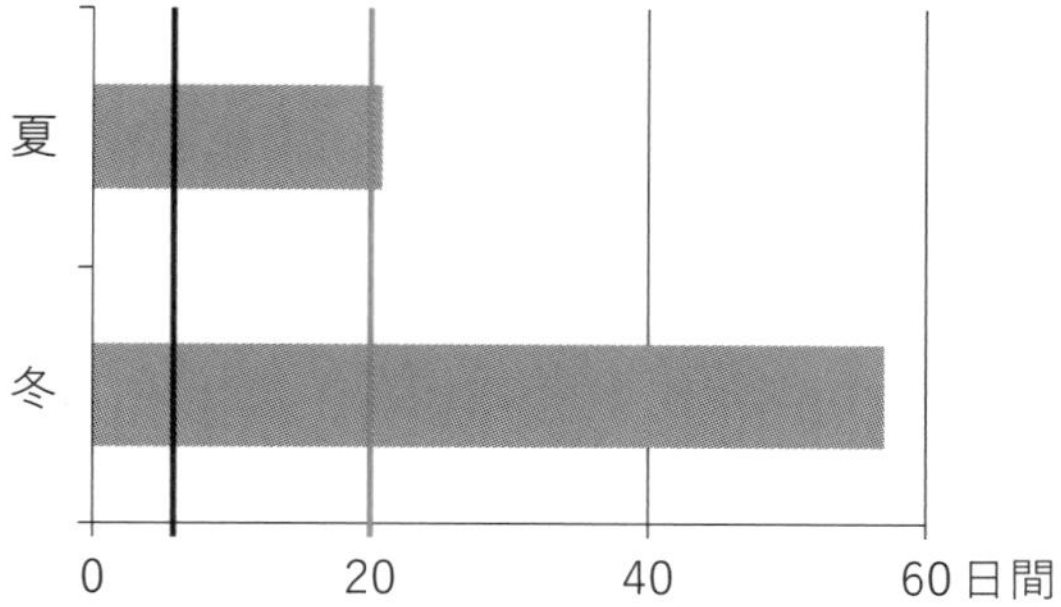

卵の賞味期限は夏に合わせて決められている

賞味期限が過ぎたら加熱して食べる

おうちで卵を食べる時、毎回、生で食べますか？

「はい！」という人もいるでしょう。

わたしも、おいしい醬油《しょうゆ》をたらりとたらした卵かけご飯が大好きです。

パリッとした海苔《のり》があれば最高。

でも、コンビニやスーパーで買われていく卵の全部が、生で食べられているでしょうか。

お弁当のおかずの卵焼きにしたり、朝食の目玉焼きにしたり、休日のホットケーキ作りで使ったり、火を通して食べることも多いのではないでしょうか。

「賞味期限が過ぎても、きちんと保管してあれば、火を通せばしっかり食べられる」ことを覚えておいてください。

市販《しはん》の卵のパックに書いてある表示も読んでみましょう。

「賞味期限が過ぎたらすぐ捨てましょう」とは書いていないはずです。「賞味期限が過ぎたら加熱調理して早めに食べましょう」、と書いてあるはずです。

24時間以上かけて産み出される卵

鶏《にわとり》は、どのくらいかけて卵を産むと思いますか？

1個の卵を産むのに、鶏は24時間以上かけているのです。

人間にとって、卵はスーパーの特売品やチラシの目玉商品に過ぎないかもしれません。

でも、もし自分が鶏の立場だったらどうでしょう。

そもそも、人間が自分たちで短めに決めた期限が過ぎたからといって、まだ十分食べられる卵を捨ててしまうなんてもったいない話です。

昭和20年代から養鶏場《ようけいじょう》を営む篠原一郎《しのはらいちろう》さんにお話を伺《うかが》ったところ、かつて卵は日持ちの長い乾物《かんぶつ》を扱う乾物屋で売られていたそうです。

いのちある限り、愛《いと》しんで食べてあげましょう。

5

ハンバーガー1個に
使われている
水の量は？

- 3000リットル
- 300リットル
- 30リットル

答えは「３０００リットル」です！

ハンバーガーは好きですか？

大人にも子どもにも人気のメニューですね。

でも、ハンバーガーを手に取ってみても、そこに水は見えません。

ハンバーガーの材料（パン、レタス、トマト、牛肉など）が生産される過程で使われた水をすべて足すと、３０００リットルにもなる、というのです。

イギリスの科学者、スティーブン・エモットは、著書『世界がもし１００億人になったなら』で、そのことを指摘《してき》しています。

一般《いっぱん》家庭の浴槽《よくそう》の水量は、２００リットルから３００リットルです。３０００リットルとは、家庭のお風呂《ふろ》10～15杯《はい》分にも相当します。ハンバーガー1個を捨てることは、材料を育てるのに使った、家庭のお風呂10～15杯分もの水を捨てることでもあるのです。

肉を生産するには水がたくさん必要

なぜ、こんなにも多くの水が必要なのでしょう？

それは、特に、ハンバーガーに入っている牛肉を生産するのに水がたくさん使われるからです。

1キログラムのお米を栽培《さいばい》するのには、およそ3700リットルの水が必要です。

一方、1キログラムの牛肉を生産するのには、この5倍、2万リットル以上もの水が必要なのです。

肉牛を育てるには、水のほかに、大量の飼料（エサ）も必要です。その飼料を栽培するのにもまた、水が必要になるため、このような大量の水が必要になってくるのです。

この水の量のことを「バーチャルウォーター（仮想水）」と呼びます。

ロンドン大学名誉《めいよ》教授のアンソニー・アランにより、１９９０年に提唱されました。食料を輸入している国が、もし、その食料を自分の国で生産すると、どのくらいの水が必要になるかを計算したものです。

日本は世界一バーチャルウォーターを輸入している！

環境省《かんきょうしょう》の公式サイトには、バーチャルウォーターを計算できる計算式のページがあります（https://www.env.go.jp/water/virtual_water/kyouzai.html）。

東京大学サステナビリティ学連携《れんけい》研究機構の沖大幹《おきたいかん》教授の試算によれば、日本のバーチャルウォーター輸入量は世界一だそうです。

２００５年に日本が海外から輸入したバーチャルウォーター量は８００億立法メートルにも及《およ》びます（東京大学沖大幹教授のグループが２０００年に算出した値《あたい》を２００５年に

飲む水の500倍を「食べている」

チーズバーガー1個を作るのに必要な水の量は3000ℓ以上(これをバーチャルウォーターと言う)。

バンズ:83ℓ
ベーコン:408ℓ
スライスチーズ:151ℓ
牛肉パテ:2500ℓ
トマト:4ℓ
レタス:0.7ℓ
計:3146.7ℓ

国連環境計画(UNEP)の資料より作成

更新《こうしん》し、新たな値を加え、環境省と日本水フォーラムが算出した値)。

つまり、日本人1人当たり50万リットルもの水(バーチャルウォーター)を輸入しているという計算になるのです。

見えないところに問題がひそんでいる

日本では、水道の蛇口《じゃぐち》をひねれば、飲める水が出てきます。

でも2017年時点で、世界の22億人が、安全に管理された飲み水を使用することができていません(ユニセフによる)。

SDGsの6番のゴール（国連広報センターホームページより）

そこで、国連の持続可能な開発目標ＳＤＧｓ《エスディージーズ》では、６番のゴールで、２０３０年までに、すべての人々が、安全で安価な飲料水を入手できることを目指す、としています。

ハンバーガーを見ても、そこには水は見えません。

ハンバーガーそのものに水は見えなくても、その材料が作られる裏側では、世界の22億人が手にできない、貴重な水資源が使われているのです。サン＝テグジュペリの小説『星の王子さま』で、王子さまは「いちばん大切なことは目に見えない」と語っています。

目に見えないものまで見るように心がけていきたいですね。

6

消費者には 8つの権利に加え、 ○つの義務がある

- 3つ
- 5つ
- 7つ

答えは「5つ」です！

YouTube《ユーチューブ》などの動画配信サービスが人気ですね。中には、食べ切れないほどの料理を飲食店で注文し、食べるシーンを撮影《さつえい》し、当然食べ切れないからほとんど残してしまう……などという人たちがいます。

彼《かれ》らは「だって、自分たちはお客だし、よく、お客様は神様って言うでしょ？　お金を払《はら》ってるのはこっちなんだから、残そうが何しようがこっちの勝手でしょ」と言います。

本当にそうでしょうか？

彼らが頼《たの》んだために、あるメニューは売り切れてしまい、ほかのお客さんが食べられなかったかもしれません。

お店で食べ残したものはどうなる？

飲食店で食べ残されたものは、衛生上、別のお客さんには出せません。家畜《かちく》のエサや植物の肥料（堆肥《たいひ》）としてリサイクルされるか、あるいは、ほとんどの店では「事業系一般《いっぱん》廃棄物《はいきぶつ》」として出され、店のコストだけでなく、市区町村の税金も使って、各自治体の焼《しょう》却炉《きゃくろ》で処分されるのです。

燃やして処分することで、二酸化炭素などの温室効果ガスが排出《はいしゅつ》され、環境《かんきょう》に負荷《ふか》をかけ、気候変動を悪化させています。

わたしたち消費者は、自分の消費行動や購買《こうばい》行動で、他人、特に社会的に弱い立場の人にどういう影響を与えるのかまで考えなければなりません。

また、自分の行動が、環境に対してどう影響するのかも考える責任があるのです。

つくる責任、つかう責任

このことは、１９８２年に国際消費者機構（ＣＩ）が提言した「消費者の８つの権利と５つの責任」に載《の》っています。中学校の家庭科で習う内容です。このうち、消費者の「安全である権利」「知らされる権利」「選択《せんたく》する権利」「意見が反映される権利」は、米国のケネディ大統領が１９６２年に提唱した「消費者の４つの権利」です。１９７５年、ジェラルド・フォード大統領が「消費者教育を受ける権利」を追加し「消費者の５つの権利」と呼ばれるようになりました。

１９８２年には、国際消費者機構が、右の５つの権利に３つを加えた「消費者の８つの権利」と「５つの責任」を提唱しました。

日本では、２００４年に「消費者基本法」、２０１２年に「消費者教育推進法」という法律が制定されました。わたしたちが責任ある消費者として行動することは、消費者が主

◆消費者の8つの権利

1　生活の基本的ニーズが保障される権利（Basic Needs）
十分な食料、衣服、家屋、医療《いりょう》、教育、公益事業、水道、公衆衛生といった基本的かつ必需《ひつじゅ》の製品・サービスを得ることができること

2　安全である権利（Safety）
健康・生命に危険な製品・製造過程・サービスから守られること

3　知らされる権利（Information）
選択するに際して必要な事実を与えられる、または不誠実あるいは誤解を与える広告あるいは表示から守られること

4　選ぶ権利（Choice）
満足いく質を持ち、競争価格で提供される製品・サービスがたくさんあり、その中から選ぶことができること

5　意見を反映される権利（Representation）
政府が政策を企画《きかく》・遂行《すいこう》する際、または製品・サービスを開発する際に消費者利益の代表を含《ふく》むこと

6　補償《ほしょう》を受ける権利（Redress）
誤り、偽物《にせもの》、あるいは不満足なサービスについての補償を含めて苦情が適切に処理されること

7　消費者教育を受ける権利（Consumer Education）
基本的な消費者の権利及《およ》び責任といかに行動するかを知る以外にも、情報を与えられ、自信を持って商品やサービスを選ぶのに必要な知識と能力を得られること

8　健全な環境の中で働き生活する権利（Healthy Environment）
現在及び将来の世代に対して恐怖《きょうふ》とならない環境で働き生活すること

◆消費者の5つの責任

1　批判的意識（Critical Awareness）
商品やサービスの用途《ようと》、価格、質に対し、敏感《びんかん》で問題意識をもつ消費者になるという責任

2　自己主張と行動（Action）
自己主張し、公正な取引を得られるように行動する責任

3　社会的関心（Social Concern）
自らの消費生活が他者に与える影響、とりわけ弱者に及ぼす影響を自覚する責任

4　環境への自覚（Environmental Awareness）
自らの消費行動が環境に及ぼす影響を理解する責任

5　連帯（Solidarity）
消費者の利益を擁護《ようご》し、促進《そくしん》するため、消費者として団結し、連帯する責任

SDGsの12番のゴール（国連広報センターホームページより）

体となる市民社会をつくり、持続可能な社会の構築につながるのです。

「買い物は投票」という言葉があります。自分が買い物することは、世の中を変える一歩であり、「わたしはこの店（商品）の姿勢を応援《おうえん》しますよ」という宣言にもなるのです。

ＳＤＧｓの12番のゴールには「つくる責任　つかう責任」という目標が掲《かか》げられています。

２０２０年、コロナ禍《か》においてはマスクが不足しました。マスクを、朝からドラッグストアに並び、買い占《し》める人たちがいました。中には転売して、大きな儲《もう》けを得ようとする人もいました。

誰かが必要以上に買い占めてしまうと、本当に必要な医療《いりょう》従事者や、ぜんそくなどの病気の人が、困ってしまいます。買い物になかなか行かれない人は買うことができません。

スーパーはみんなで使う冷蔵庫

スーパーで牛乳を買うとき、賞味期限（あるいは消費期限）が少しでも長いものを買おうとして、商品棚《だな》の奥《おく》に手《て》を伸ばして取る人がいます。私が2689名にリアルタイムアンケートシステム「レスポン（respon）」を使ってアンケートをとったところ、88パーセントの人が「新しいものを買おうとして、奥から取ったことがある」と答えました。すぐ食べたり飲んだりするのに奥から新しい日付のものを取ってしまうと、手前に置かれた、日付の近づいたものが残ります。スーパーは値引きして売ろうとしますが、それでも売り切れない場合は、前に書いた「事業系一般廃棄物」として、店のコストだけでなく、市区町村の税金も使って焼却処分することになります。お金も無駄《むだ》だし、環境にも負担をかけてしまうのです。

私は「スーパーは　みんなで使う　冷蔵庫」という標語を考えました。おうちの冷蔵庫だったら、牛乳の賞味期限（あるいは消費期限）の迫《せま》ったものと余裕《よゆう》のあるものとがあれば、迫ったものから使いますよね？

それと同じように、スーパーでも、すぐに使うものであれば手前から取るのはどうでしょうか。

自分たちの納めた税金は、まだ食べられる食べ物を燃やすためにではなく、福祉《ふくし》や教育など、みんなの役に立つことに使ってほしいと、私は願っています。

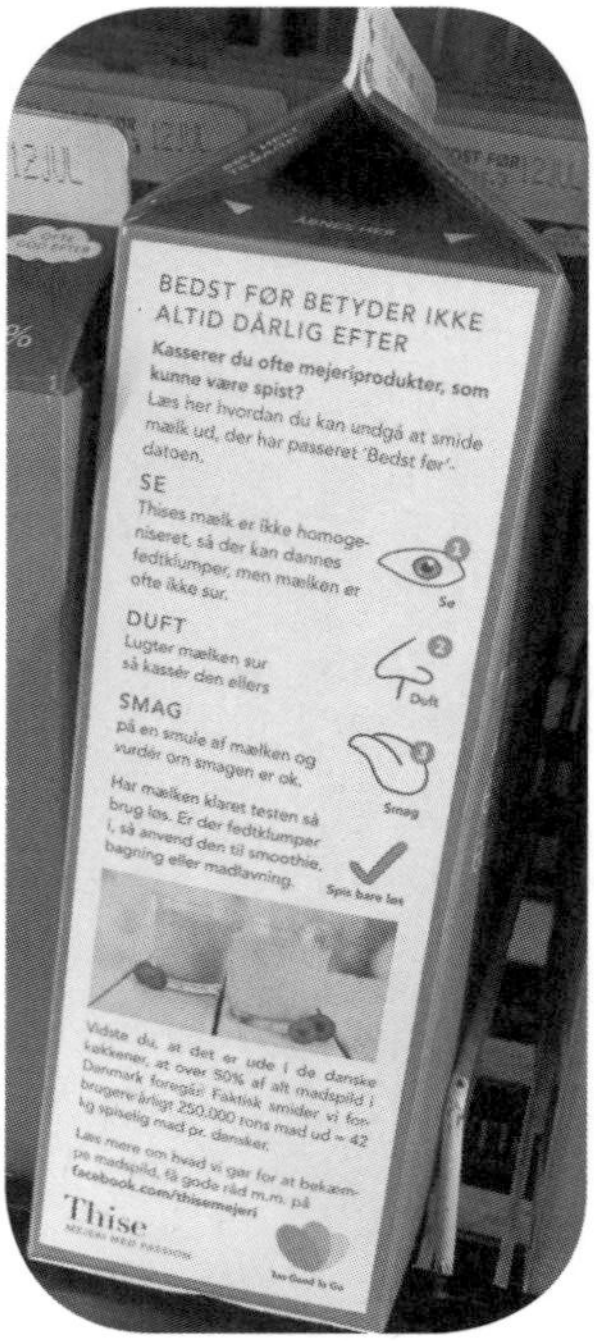

「賞味期限はおいしく飲める目安であり、五感で判断しましょう」と消費者へ啓発《けいはつ》する内容が書かれたデンマークの牛乳パック（Too Good To Go 提供）

7

家庭内の食べ残しの〇パーセントは「量が多い」から

◆ 70パーセント

◆ 50パーセント

◆ 40パーセント

答えは

「70パーセント」です！

農林水産省の調査によれば、食卓《しょくたく》に出された料理を食べ残した理由で最も多かったのが、「料理の量が多かった」（71・7パーセント）でした（農林水産省「平成21年度食品ロス統計調査」）。

外食だと、出てくる量がわからない、頼《たの》んでみたら思っていたより量が多過ぎた、ということはあります。でも、家庭なら、どのくらい食べられるか、事前に家族に伝えて、量を調整してもらうことはできますね。

料理を多めに作った場合は、いっぺんにたくさん食卓に出さないで、密閉容器に分けて冷蔵・冷凍《れいとう》保存し、次の食事にまわせば、料理の時間も食費も節約できます。

食べる量を調整しよう

あなたは体調が悪いとき、学校給食を残しますか？　それとも、無理してでも食べきりますか？

小学校5、6年生132名を対象にした調査で「体調が悪いときに学校給食をどうしますか？」と聞いたところ、九割近くの児童が「がんばって全部食べる」と答えました（『学校保健研究』2012年、53号、490〜492ページ）。

この調査を担当したお茶の水女子大学の赤松利恵《あかまつりえ》教授は、「自分の体調をちゃんとわかって、今日は少なめにしてくださいと言うことも必要」、「このまま放っておくと、もったいないからと無理をして食べて、将来のメタボリックシンドロームになってしまう。自分自身の体の状態を考えて食べる量を調整するスキルも、小学校高学年ぐらいになってくると必要です」と語っています。

＊メタボリックシンドローム　内臓脂肪《しぼう》が増えて、生活習慣病などになりやすくなっている状態のこと

確かに、食べきれば、食品ロスは出ないかもしれません。でも、無理して食べたおかげで、よけいに体調が悪くなっては、元も子もありません。

苦手な食べ物が食べられるようになる方法

苦手な食べ物を食べられるようにするために学校では「もったいない」が強調されているのだと思いますが、赤松先生は、「もったいない」ことだけを強調しても学校給食で苦手な食べ物を食べ残してしまう行動は変わらず、食べ残しは減らない、と説明しています。

赤松先生によると、苦手な食べ物を食べられるようになるには2つポイントがあります。

ひとつは、自信を高めること。どんなに小さいことでもいいから、成功体験を持つこと。

もうひとつは、重要性を高めること。残さずに食べると、自分にとって「いいこと」があると知ること。たとえば、体が大きくなる、風邪《かぜ》をひかなくなる、作ってくれた人が喜んでくれる、など。

この「自信を高める」ことと、「重要性を高める」ことのふたつに着目し、赤松先生が監修《かんしゅう》し、赤松先生の栄養教育学研究室で制作されたのが、食育紙芝居《かみしばい》「にがてなたべものにチャレンジ!!」(健学社)です。

主人公のお茶太郎《ちゃたろう》くんは、学校給食で苦手な食べ物があります。最初の日は、鼻をつまんで食べました。次の日は、ご飯と一緒《いっしょ》に食べました。そうやって、工夫《くふう》していくことで、最後には、なにもしなくても苦手な食べ物が食べられるようになっていきます。

自信のつけ方

赤松先生は、社会的認知《にんち》理論を提唱した、バンデューラの理論について紹介《しょうかい》しています。

自信を高めるには、いくつかポイントがあります。

ひとつめには、成功体験を持つこと。苦手な食べ物が食べられた、というのも成功体験です。

ふたつめが、モデリングという手法。すでにやっている人を観察したり、真似《まね》をしたりすることです。

みっつめが、言語的説得。周りの人が「できるよ。絶対できる。大丈夫《だいじょうぶ》」と暗示をかけること。

小さなことでも成功体験を持ち、行動をよりよいものに変えていくこと。

生きていれば、思い通りにいかないことの方が多いものです。そんなとき、相手の立場を思いやりながら、自分の意見を上手に主張できる人になれるといいですね。

8

スーパーに並ぶ商品には「製造日から賞味期限までの○分の1以内に納入する」という暗《あん》黙《もく》のルールがある

◆ 3分の1
◆ 5分の1
◆ 6分の1

答えは「3分の1」です！

コンビニなどで、大好きなカツ丼《どん》が1つだけ残っていた。喜んでレジに持っていったら「これは売ることができません」と言われた。期限表示を見ると、まだ消費期限は切れていない。なんで売ってくれないの?——そんな経験をしたことはないでしょうか。

実は、賞味期限や消費期限の手前に「販売《はんばい》期限」というものがあり、それが切れると販売できないルールがあるからです。

「販売期限」だけではありません。その手前には「納品期限」もあります。これを食品業界では「3分の1ルール」と呼んでいます。

日本独自の3分の1ルール

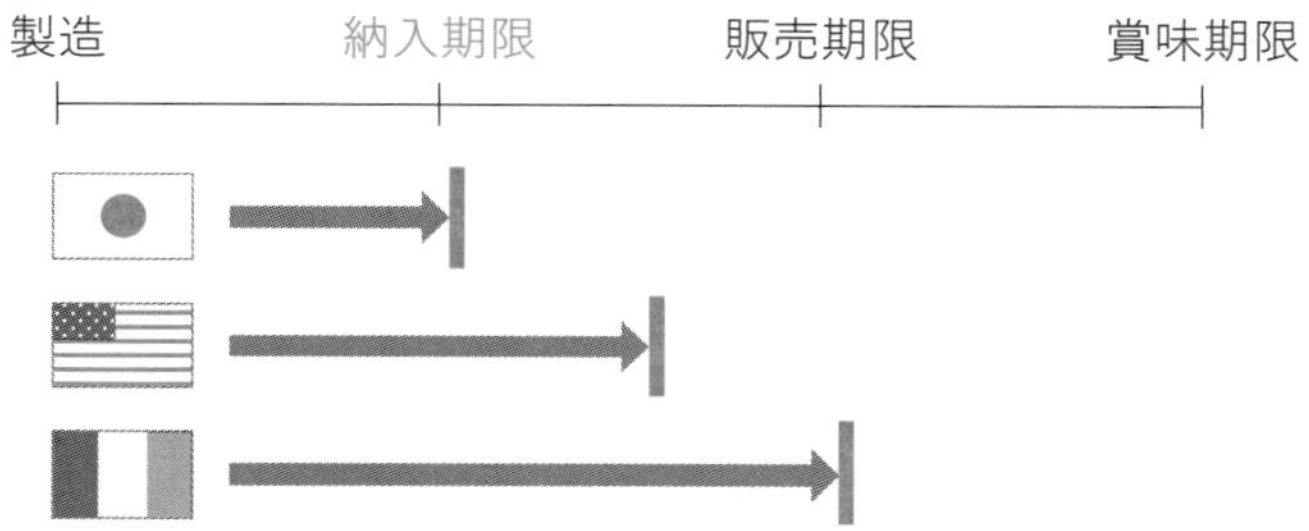

製・配・販連携《れんけい》協議会資料（平成29年度推計）を基に作成

3分の1ルールって何？

食品業界の3分の1ルールとは、製造日から賞味期限までの期間を3等分し、最初の3分の1を、メーカーから小売店に納品する「納品期限」、次の3分の1を、小売店で販売できる「販売期限」とするルールです。

こんなに短い納品期限は日本の特徴《とくちょう》で、このルールで返品される金額は平成25年度には866億円でした。納品期限は、アメリカは2分の1、フランスは3分の2と長く設定されています。日本でも、菓子《かし》と飲料に関しては、アメリカ並みにしましょうという動きが2

014年ごろから始まっています。それにより、平成29年度には返品金額は562億円と、35パーセント削減《さくげん》されました（対平成25年度比。ただしこの額には3分の1ルール以外の理由での返品も含《ふく》みます）。

誰のためのルールなの？

3分の1ルールは法律ではなく、食品業界のルール（商慣習）に過ぎません。

誰《だれ》が、いつ、作ったのでしょう？

一説には、1990年代、全国展開する大手スーパーが設定し、他の小売も追随《ついずい》したと言われています（2012年11月、日経MJ＝日経流通新聞）。

なぜ、このようなルールが決まったのでしょうか。

それはスーパーが、できる限り長く賞味期限が残っているものを売りたいから。

賞味期限が切れたものを商品棚《だな》に並べておくと、お客さんからクレームが来てしまうから、切れる前に早めに撤去《てっきょ》するのです。賞味期限や消費期限ぎりぎりのものを売ると、お客さんが家に持って帰って置いておいて、いざ食べようとするときに期限が切れてしまっていて、スーパーに苦情を言ってくる……。そういうことをなくしたいから、ということでしょう。

実際、大手コンビニ本部の方に聞いてみると、おにぎりやサンドウィッチ、弁当などは、消費期限が切れる1～3時間手前で販売期限が切れるそうです。「なぜギリギリまで売らないのですか？」と聞いたところ、「お客さんが家に持って帰って食べる時間を考えて」とのことでした。

賞味期限前なのに捨てられる食べ物

大手コンビニで、店員さんが商品のバーコードにあてる機械を持って店内を歩いています。ピッと商品にあててみると、「賞味期限が○月○日以前のものは廃棄《はいき》」と、賞味期限

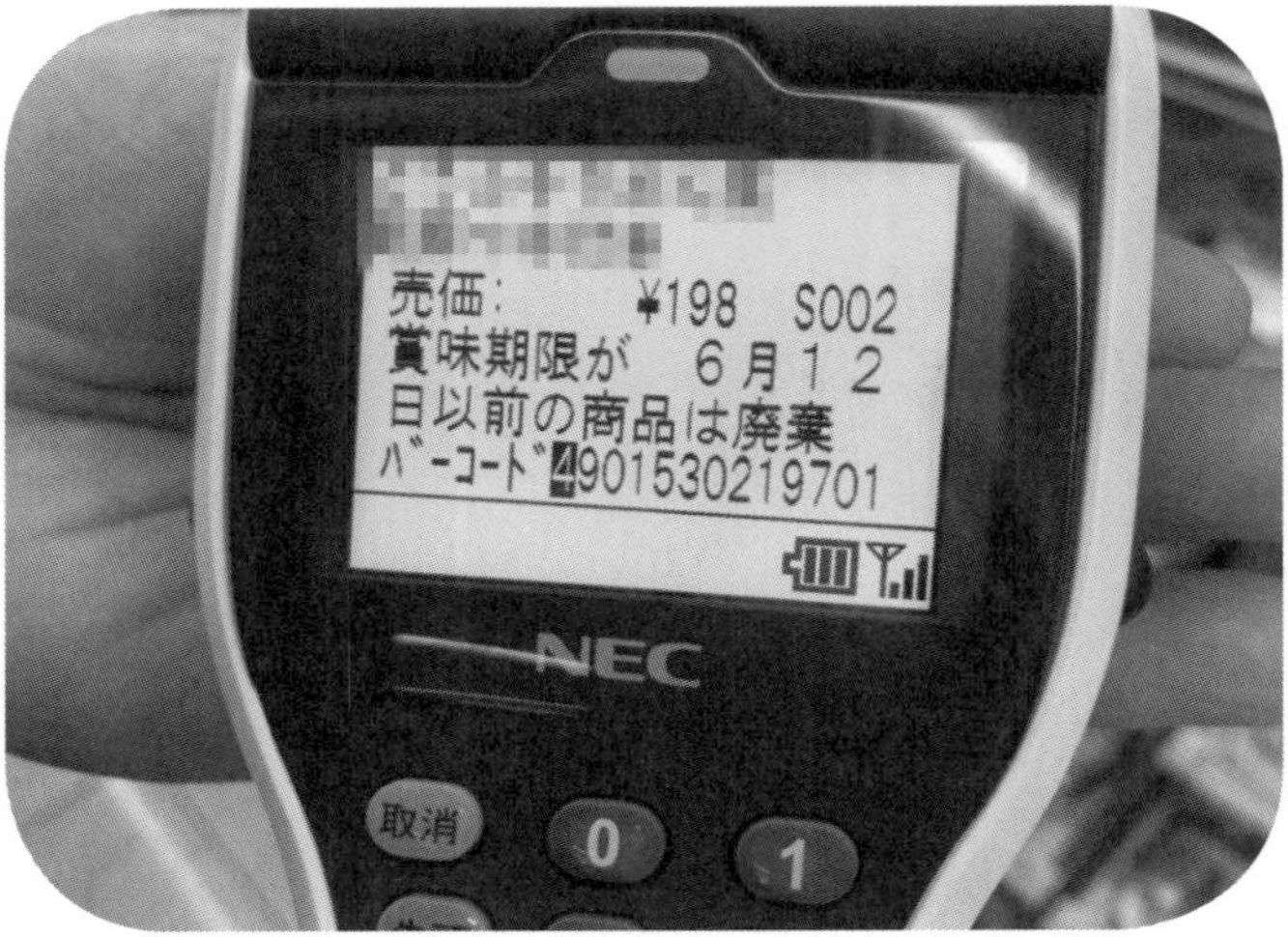

廃棄の指示を表示するコンビニのバーコード（関係者撮影）

が切れていないにもかかわらず、「捨てなさい」という指示が出てきます。

普《ふ》段《だん》でも「もったいない！」と思いますよね。なおさらもったいないと思ったのが、2018年夏、西日本豪《ごう》雨のときでした。コンビニに食品を運ぶトラックは、道路が寸断されて思うように進めません。販売期限の1時間前に店に着きました。店に並べても、売る時間はほとんどありません。仕方なく、全部廃棄したそうです。取材したコンビニのオーナーさんは「大雨で避《ひ》難《なん》して食べ物に困っている人にあげたい」と、せつなそうに話しました。

社会を変えるのはわたしたち

メーカーは、自分たちの商品を売ってくれる小売の課すルールに従わなければ、自分の会社の商品を売ることができません。では、小売は誰を見ているのでしょう？　それは「お客様」、すなわち、わたしたち消費者です。

消費期限表示のものは、おおむね5日以内の日持ちのものにつけられるから、ギリギリまで売るのは難しいかもしれません。でも賞味期限は「おいしさのめやす」です。わたしたちが「賞味期限ギリギリまで売ってください」とみんなで言えば、小売の人も耳を傾《かたむ》けるのではないでしょうか。イギリスでは、市民の声が大手スーパーの態度を変え、捨てられる食べ物を減らしています。社会やルールを変えるのは、私たち一人ひとりの市民の力なのです。

9

日本の
食品ロスのうち、
○パーセントが
家庭から出ている

◆ 28パーセント

◆ 37パーセント

◆ 46パーセント

答えは

「46パーセント」です！

長野県で開催《かいさい》された食育の全国大会で、○×クイズを出しました。

「日本の食品ロスのうち、８割以上は企業《きぎょう》が出している」

ほとんどの人が「○」と答えました。が、答えは「×」です。

日本で捨てられる食べもののうち、実に、半分近くが、家庭から出されているのです（２０１８年度、農林水産省推計。年間６００万トンのうち２７６万トンが家庭由来、３２４万トンが事業系由来）。

シリーズコンセプト

10代のノンフィクション読書を応援します！

◆

身近な「なぜ？」（Question）が
スタート地点。「知りたい」に答えます。

◆

正解することよりも、
探究（Quest）することの大切さを伝えます。

◆

読み終えたときには、次の Q が生まれてくるかも？
スタート地点とはちょっと違った世界が見えてきます。

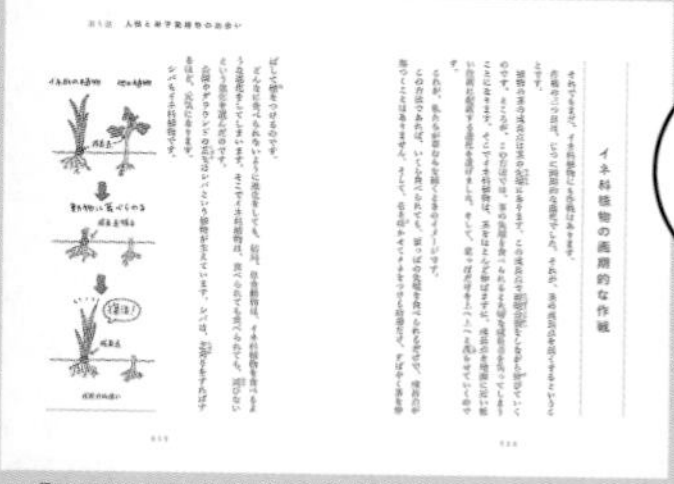

▲『植物たちのフシギすぎる進化―木が草になったって本当？』より

イラスト多数

2色刷り

判型：四六並変形・カバー装
予定ページ数：96〜128ページ
定価：1210円（10%税込）
装丁：鈴木千佳子

ちくまQブックス 刊行ラインナップ

未来のきみを変える読書術

なぜ本を読むのか？

苫《とま》野《の》一《いっ》徳《とく》 教育哲学者・熊本大学教育学部准教授

頭と目を鍛えるための本の読み方を伝授しよう。

きみの体は何者か

なぜ思い通りにならないのか？

伊《い》藤《とう》亜《あ》紗《さ》 美学者・東京工業大学リベラルアーツ研究教育院准教授

きっと体が好きになる！ 14歳からの身体論。

100年無《む》敵《てき》の勉強法

何のために学ぶのか？

鎌《かま》田《た》浩《ひろ》毅《き》 火山学者・京都大学レジリエンス実践ユニット特任教授／名誉教授

一度知ったらもう戻れない、ワクワクする勉強のスゴさとは？

植物たちのフシギすぎる進化

木が草になったって本当？

稲《いな》垣《がき》栄《ひで》洋《ひろ》 植物学者・静岡大学農学部教授

勇気づけられる、植物たちの話。

今後のラインナップ 〈10月刊行〉井出留美『SDGs時代の食べ方―世界が飢えるのは何のせいなのか？』／小貫篤『法は君のためにある―社会は変えられるのか？』〈以下続刊予定〉小泉武夫『世界一くさい食べ物―なぜ食べられないような食べものがあるのか？』／片岡則夫『マイテーマの探し方―探究学習ってどうやるの？』／田房永子『親とうまくやっていくコツ―なぜこんなに親はうるさいのか？』＊タイトル、刊行月は変更する場合がございます。

推薦《すいせん》のことば

羽生善治《はぶよしはる》 棋士

われわれは膨大な量の情報に触れる世界に生きています。それはとても変化とスピードが速い世界であり、視野が狭くなりがちな世界とも言えます。読書を通して様々な世界を「定点観察」してみましょう。

瀬尾《せお》まいこ 小説家

いろんな思いであふれている10代に、たくさんのものに触れるのはすてきなことだと思います。本は、相当遠い世界にも、ちょっと難しそうな謎の向こうにも連れて行ってくれるはず。あっという間に過ぎる若い時代、本を開いて、ここにはない世界に手を伸ばしてみてください。

ブレイディみかこ ライター

知らなかったことを知り、違う考え方があることに気づく。これを「自由になる」と言う。ちくまQブックスはあなたを解き放つためにある。

ご注文・お問い合わせは、最寄りの書店または下記の筑摩書房営業部へ
〒111-8755 東京都台東区蔵前2-5-3 TEL.03-5687-2680 FAX.03-5687-2685

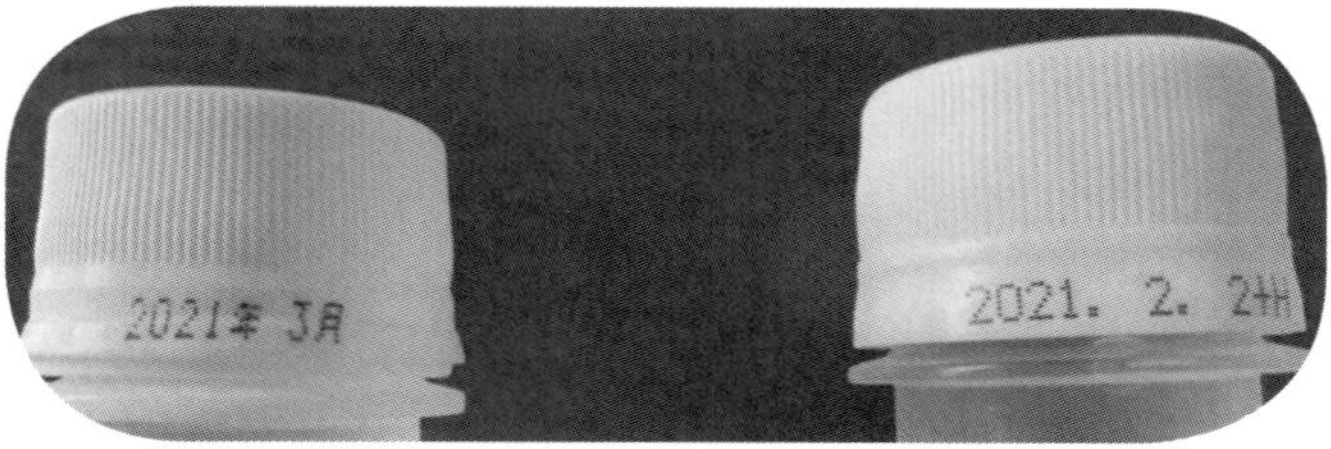

3カ月以上賞味期限があるものは日付を省略できる（左）が、日付が入っているものもある（右）。メーカーが左の方式に変えるだけでも販売期限は延びますし、直接廃棄は減るかもしれません。

なんでそんなに捨てるの？

家庭から出る食品ロスの要因には、「過剰除去《かじょう》」といって、野菜の皮を厚くむき過ぎるなど、食べられるところまで捨ててしまうものがあります。

ピーマンは、切って中の種を出したりせずに、手でつぶしてそのまま調理してもおいしく食べられます。むしろ甘く感じられるくらいです。

また「直接廃棄《はいき》」といって、冷蔵庫や食品庫に保存していたものをそのまま捨ててしまう場合もあります。

「おいしさのめやす」にすぎない「賞味期限」がちょっと過ぎただけで捨ててしまう場合もあります。

子どもたちが大きくなって、それぞれ独立し、家庭には夫婦だけが残ったのに、前と同じ量を作って食べきれないで捨てる、子どもたちがいつ帰ってきても食べるものがあるように冷蔵庫に念のために保存しておき、結局は古くなって食べないで捨ててしまうなど、家庭の中で捨てる要因はさまざまです。

家の食品ロスは防げる

2020年からのコロナ禍《か》で、日本だけでなく、イギリスやイタリア、オーストラリアやアイルランド、カナダなどで、家庭の食品ロスが減る傾向《けいこう》が見られました。これは、買い物や外出が制限されたため、「まず家にある食品をチェックする」、「あるもので作る」、「買い物リストを作る」という行動変容が生じたためです。

九州大学が2020年7月に行った調査によれば、コロナ禍の影響《えいきょう》が低かった地域より、高かった地域の方が、家庭での食品管理や食品ロスに気を遣《つか》う傾向が見られました。

このように、家庭の食品ロスは、「買い過ぎない」、「まず家にある食品をチェック」、「買い物リストを作って、ないものだけ買う」、「食材の切り方や保存方法を工夫《くふう》する」などで少なくすることができるのです。

お店の食品ロスはどうすれば減らせる？

では、コンビニやスーパーで発生する食品ロスは、私たち消費者には全く関係がないのでしょうか？

牛乳やヨーグルトなど、賞味期限の短いもの（低温殺菌《さっきん》牛乳は、より短い消費期限表示）を買うとき、手前に置いてある、日付の近づいたものから選んでいますか？　それとも、できる限り新しいものを取ろうとして、奥《おく》に手を伸《の》ばして引っ張り出していますか？

Q6で紹介《しょうかい》したように88パーセントの人が新しい日付のものを取ろうとして、奥に手を伸ばして取ったことがあると答えました。

奥から抜《ぬ》き取られたスーパーの飲料コーナー

お店の人は、「先入れ先出し」といって、期限表示が近づいたものを手前に置き、順番にはけて（買われて）いくよう心がけています。

でも、奥から新しいのを引っ張り出すような買い方をされたら、手前が残ってしまいます。

売れ残った食品は捨てられ、私たちの家庭から出るごみと一緒《いっしょ》に焼《しょう》却《きゃく》処分されることがほとんどです。その処理費用はお店も負担しますが、私たちが市区町村に納めた税金も使われることになるのです。

買い物のとき、奥から新しい食品を取り出して買っていると、結局は自分たちの税金を使って売れ残った食品を処理することになってしまうのです。

京都市はごみを半分にすることに成功

東京都世田谷区《せたがやく》は、こうした事業系一般《いっぱん》廃棄物の処理コストが1キログラムあたり59円であると公表しています（2021年4月発表）。飲食店でお客が食べ残したものも「事業系一般廃棄物」です。

こうした税金での処理を少しでも減らすことができれば、そのお金を、福祉《ふくし》や教育などにまわすことができます。

京都市は、2000年から20年かけて、ごみの量をほぼ半分に減らしてきました。

たとえばスーパーでは販売《はんばい》期限（56ページ参照）で棚《たな》から撤去《てっきょ》せずに消費期限・賞味期限ギリギリまで売ったり、データを取って見える化したり、さまざまな取り組みを続けてきました。その結果、年間82トンあったごみを年間41トンにまで減らすことができたのです。

この例から、食品ロスをゼロにするのは難しくても、半分に減らすことならできるのではないかと思っています。

10

食品のごみ処理にかかる税金は、およそ年間◯億円

- 80億円
- 800億円
- 8000億円

答えは

「8000億円」（推定）です！

環境省《かんきょうしょう》が2021年3月に発表したデータによると、ごみ処理にかかる経費は2兆円を超《こ》えています（2兆885億円。「一般廃棄物《いっぱんはいきぶつ》処理事業実態調査の結果〈令和元年度〉」、「一般廃棄物の排出及《はいしゅつおよ》び処理状況等〈平成30年度〉について」、「一般廃棄物処理事業実態調査の結果〈令和元年度〉について」）。

ごみの40パーセントは食品ごみ

食品のリサイクル事業をおこなっている「日本フードエコロジーセンター」の高橋巧一《たかはしこういち》

社長は、この2兆円という費用のうち、およそ40パーセント（8000億円）は食べ物に関するごみではないかと推測しています。というのも、全国の自治体のごみのうち、およそ40パーセントは生ごみ（食品ごみ）だからです。

もちろん、この費用は、ごみを焼却《しょうきゃく》処分する費用だけでなく、ごみ処理施設《しせつ》の維持《いじ》費や建設費なども含《ふく》まれているので、厳密には違《ちが》うかもしれません。でも、多くの食べ物をごみにしている事実に変わりはありません。食品のごみというのは水分が80パーセントを占《し》め、その分だけとっても重くて燃えにくく、焼却処分するには膨大《ぼうだい》なエネルギーやコストを使います。それだけ、環境に大きな負荷《ふか》をかけてしまうのです。

計るだけで減らせる食品ロス

家庭の食品ロスは、計るだけでなんと23パーセントも減るという結果が出ています（「平成29年度　徳島県における食品ロス削減《さくげん》に資する取組の実態調査」による）。

1世帯当たりの食品ロス量の変化

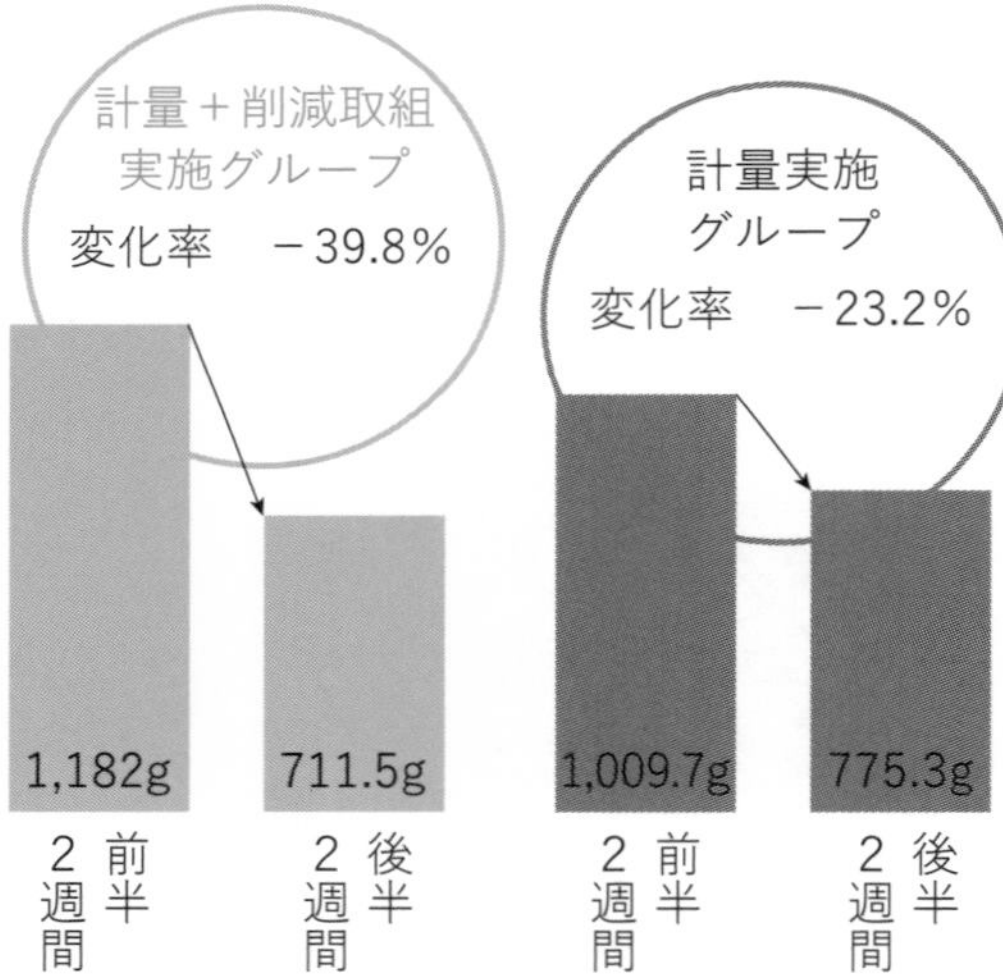

平成29年度徳島県の実証調査結果
（消費者庁ホームページより）

しかも、計量に加えて、食品ロス削減の取り組みを並行して行うことで、食品ロスは40パーセントも減少するという結果も得られています。

　これは、私自身も実感していることです。自治体の助成制度を使って家庭用生ごみ処理機を半額で購入《こうにゅう》し、２０１７年から合計１００６回使ったところ、合計で２６０キログラム以上もの生ごみを減らすことができたのです。一世帯で、大人の体重4～5人分くらいある重たいごみを減らせたのです。

しかも、乾燥《かんそう》させた生ごみはごみとして出さず、マンションのベランダで作っているコンポスト（堆肥《たいひ》を作る容器）に入れているので、ごみ自体は、実際にはもっと減らすことができています。また毎回、ごみ処理器にかける時にごみの重量を計っています。計ることで意識にのぼり、ごみを減らそうという行動につながります。

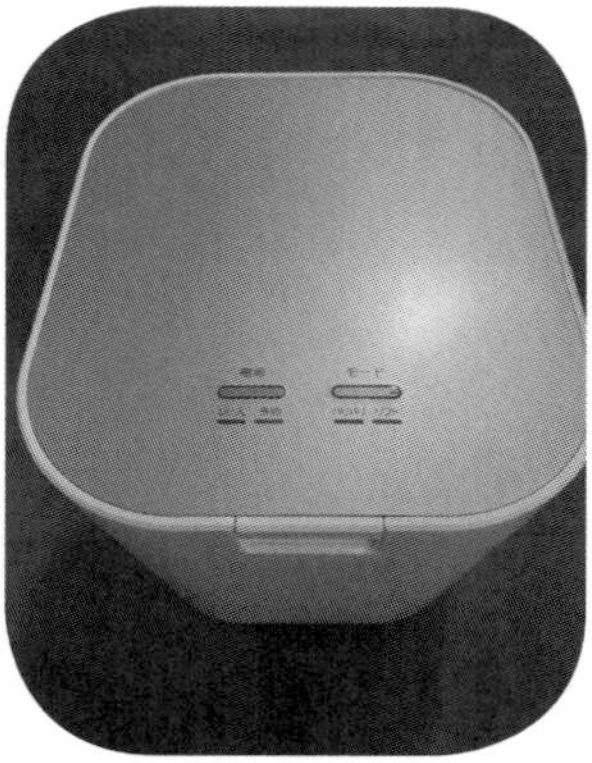
家庭用生ごみ処理器の一例

食品ごみでバスを走らせる

ヨーロッパ諸国へ取材に行ったとき、スウェーデンやイタリアなどで、「生ごみ」と「燃やすごみ」は一《いっ》緒《しょ》にされることなく、分別収集されている風景を目にしました。「organic（オーガニック）」というくくりで、食品ごみや、剪定《せんてい》した枝や落ち葉などの庭から出るご

バイオガスを使って走るスウェーデンのバス

みもここに集められます。スウェーデンでは、住民が生ごみを入れられるポストが街にあります。

スウェーデン第3の都市、マルメ市は、コーヒーのかすやバナナの皮など、食べられない部分（不可食部）を使ったバイオガスを使って、街中《まちなか》でバスが走っていました。

食料をエネルギーにリサイクルする「バイオマスエネルギー」は、人間が食べられる農産物（サトウキビ、トウモロコシなど）を使うと、食料が減り、農産物の価格が上昇《じょうしょう》してしまうデメリットがあります。でも、食べられない部分を活用するのはいいことですね。マルメ市では、2021年8月末までに、市内の施設などで使うエネルギーを100パーセント、自然エネル

町の9割以上を森林が占める福井県池田町は、緑色の木々の景色が印象的だ

ギーに転換《てんかん》したそうです。

分ければ資源、捨てればごみ

韓国《かんこく》でも、生ごみの分別収集がすでに進んでいます。出したごみの重さに応じて料金を払う従量課金制によって減らす努力も進んでいますし、飼料化や堆肥化がおこなわれています。中国では、2025年までに、生ごみを分別収集するシステムを完備することを目指しているそうです。

日本国内でも、数十の自治体は、生ごみを分別回収しています。

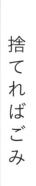

町内の食品ごみなどから作った
有機肥料「土魂壌」

福井県池田町では、町民から集めた食品ごみと、牛のふん、もみがらを混ぜて、有機の肥料「土魂《どこん》壌《じょう》」を作って商品化しています。「土魂壌」で育てた有機のお米はおいしいと評判です。

「分ければ資源、捨てればごみ」という言葉もあります。一見、ごみに見えるようなものも、実は資源なのではないでしょうか。ごみにして捨てずに資源として使うことで、ごみ処理に使っている費用はもっとずっと減らすことができ、そのお金を福祉《ふくし》や教育など有用なものに活用できるのではないかと考えます。

11

家庭から出る生ごみのうち、およそ◯パーセントが手つかずのまま捨てられている

- 25パーセント
- 35パーセント
- 45パーセント

答えは

「45パーセント」です！

京都市の調査によれば、生ごみのうち、45・６パーセントが、手つかずのまま捨てられているそうです（京都市食品ロスゼロプロジェクト http://sukkiri-kyoto.com/data）。

京都の方言に、「しまつする（無駄《むだ》なく使いきる）」という言葉があります。京都市は世界的な観光都市ですが、かつて京都議定書を取り決めたＣＯＰ３（通称《つうしょう》「コップスリー」、気候変動枠組《わくぐみ》条約第３回締約《ていやく》国会議）が開催《かいさい》されただけあって環境意識が高く、実は全国の政令指定都市の中で最も家庭ごみの発生量が少ない都市なのです。Ｑ９で紹介したように２０００年から20年かけてごみの量をほぼ半分にすることに成功しました。しかしそんな京都市ですら、生ごみのうちの半分近くが一切手つかずのまま捨てられているというの

京都市の生ごみの中の食べ残しの内訳

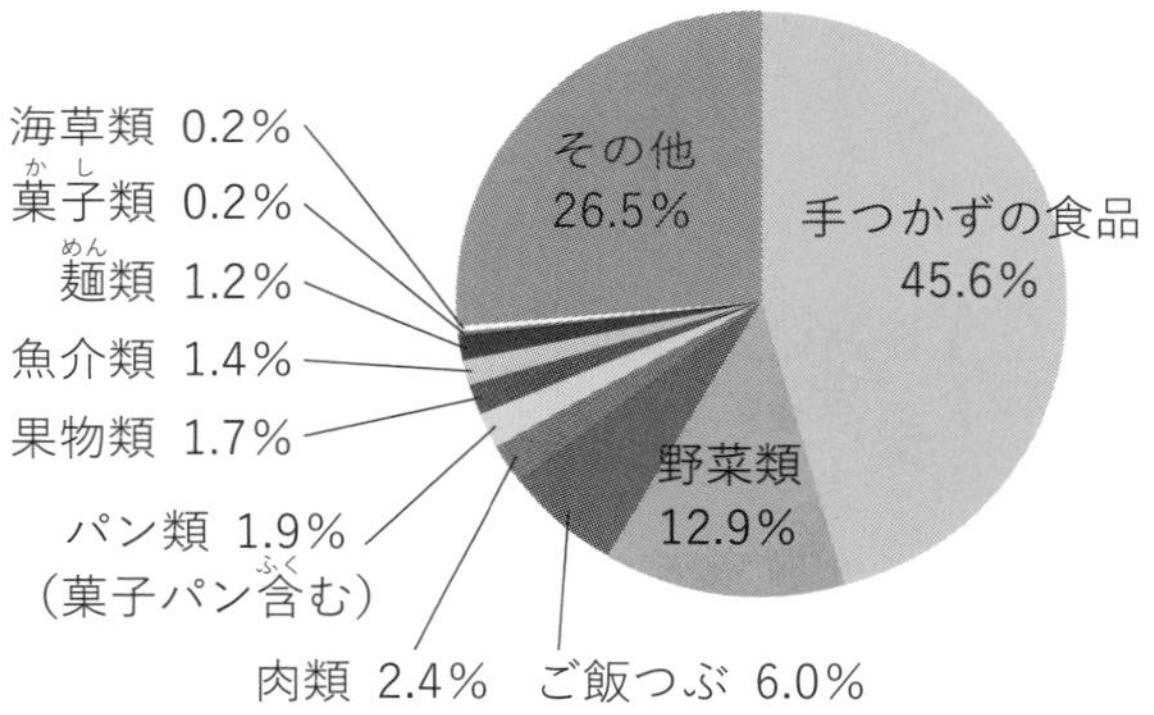

平成29年度京都市家庭ごみ細組成調査（厨芥《ちゅうかい》類詳細調査）より作成

は衝撃的《しょうげきてき》です。全国の他の都市ではどれほど捨てられているのでしょうか。

６万１０００円もの食べ物を捨てている

では、京都市で廃棄《はいき》される手つかずの食品や食べ残しのうち、家庭での廃棄は一体どのぐらいなのでしょう。平成29年度に実施《じっし》された75世帯対象の調査によれば、１世帯４人家族による１年間の廃棄量は金額に換算《かんざん》すると、６万１０００円／年／世帯にも及《およ》ぶそうです。

食べ物は、処分するのにもコストがかかります。この６万１０００円分の食品を処理するのにかかるコストは4000円／年／世帯。したがって、1世帯あたり、年間6万5000円ものお金を捨てていることになるのです。

コンビニでは1店舗あたり468万円もの食べ物を捨てている

次に、お店などではどれくらいの食べ物を捨てているのでしょうか。全国に5万5000店舗《てんぽ》以上あるコンビニエンスストアでは、年間平均で1店舗あたり468万円分の食品を捨てていることが、2020年9月に発表された公正取引委員会の調査でわかりました（「コンビニエンスストア本部と加盟店との取引等に関する実態調査」）。

日本で、組織などに雇用《こよう》されて働く人の平均年収は436万円（国税庁、令和元年度）です。つまり、ビジネスパーソンの平均年収を上回る金額の食品を、コンビニ1店舗で捨てているということになるのです。

しかも、これは平均ですから、もっと捨てているお店もあるということです。焼却費《しょうきゃく》などの食べ物を処理するための費用は、ここには含まれていません。

食べ物は、自動的に生まれてくるものではありません。多くの資源を費《つい》やし、たくさんの人の手間や労力、時間をかけて生産されるものです。それは、いわゆる1次生産品といわれる野菜や果物、魚や肉でもそうですし、工業生産されるような加工食品でも同じです。食料品は一般的《いっぱんてき》に単価が安いですが、手間暇《てまひま》かけて作られる背景を考えると、実は販売《はんばい》額よりも実質的には価値の高いものではないでしょうか。そう考えると、家庭で年間6万1000円、コンビニで年間468万円も捨てているというその金額よりも、実は何倍も大きい価値を捨てているのかもしれません。

こんな高級和菓子も捨てられている

私がフードバンクの広報を担当していたとき、NHKの取材を受けたことがありました。そのうちのワンシーン、東京都内の家庭ごみの収集現場を取材したときのことです。番組

まるで買い物かごから取り出したばかりのようなごみ

のために、家庭から集まったごみの中から、まだ食べられるもの、賞味期限や消費期限前のものを取り出しました。そうして集めたのがこの写真です。

手袋《てぶくろ》をはめているのが作業員の方です。この方が持っているのは５２５０円もする高級和菓子。賞味期限は５カ月残っていました。他にも消費期限前、賞味期限前のコンビニの菓子パンや鉄火巻き、ピザ、カツ丼《どん》、お惣菜《そうざい》、長ネギ、かぼちゃなどが出てきました。ごみ集積場ではなく、まるでお店のようです。食べ物＝お金であり、それ以上の価値がある財産であることを、もっと心に沁《し》みて感じられたらなあ……と思わずにはいられませんでした。

おいしく 食品ロスをなくす シェフ荻野伸也さんの挑戦

野菜や果物には「規格」があります。魚にもあるし、肉にもあります。豚肉《ぶたにく》であれば、基準体重から外れてしまったり、脂肪《しぼう》の厚みが規格から外れてしまったりすると、格付けが落ちて値段が下がってしまいます。手間をかけても、それに見合う儲《もう》けが少ないという理由で殺処分されてしまうこともあります。

そんな肉を仕入れてシャルキュトリー（肉の加工品）にし、おいしく提供しているのがターブルオギノです。シェフの荻野《おぎの》伸也《しんや》さんが手掛《てが》けています。パテやソーセージなどの手作りシャルキュトリーや、全国の契約《けいやく》農家さんから送られてくる旬《しゅん》の野菜のフレンチデリをテイクアウトできるお店です。荻野さんは、規格外の野菜を、直接、農家から仕入れ、おいしく提供しています。荻野さんにお話をうかがったときのことを紹介《しょうかい》します。

年間2000万トン食料を買っている日本が
年間2000万トンの食料を捨てている

荻野さん　年間2000万トン食料を買っている日本、海外から食料を輸入している日本。その日本が、年間2000万トン近く捨てている（著者注：この2000万トンには魚の骨やリンゴの芯など不可食部も含まれる）。それで自給率が4割に満たないっていう国って、異常だと思う。

僕《ぼく》ら料理人ができることって何だろう、と考えたときに、市場に流通しにくい物を発掘《はっくつ》して、お金を払《はら》って農家さんから

シェフ荻野伸也さん

買わせていただくという方法もあると思ったんです。

収穫されないまま捨てられる食材

荻野さん　福岡へ行ったとき、柿《かき》の農家さんは、柿を出荷《しゅっか》するところがなくて、木に実ったまま腐《くさ》らせていたんです。「あれ、何で収穫《しゅうかく》しないんですか」と訊《き》いたら、収穫する人手も人件費も出ないのだと。1ケース20キロ箱で20円や30円にしかならないときもあるんだそうです。収穫することがリスクになっちゃう。でも、食品ロス、家庭や飲食店から出るロスというのは、意識を変えないと駄目《だめ》でしょう。僕ら料理人ができることとして、1次産業から出てくるその規格外の物を、僕らが持っている加工技術を生かして、商品に仕立てることは可能です。1次産業から出るロスというのは政府が発表している推計値にはカウントされてないような気がするんです。

――**カウントされていないです。**

荻野さん　ですよね。すごく、いろんなハードルがあるんで、何から手をつければいいのかよく分からない。行政も、農協さんも、漁協さんも。うちはなるべく農家さんから買うということで、いま、7割、8割ぐらいは、農家さんから直《じか》に入れてもらっている。

しかも、例えば「明日、ニンジンの料理を作りたいから、ニンジンください」ということは、ほぼ言わず、基本的には、「1万円分ください」と言うと、農家さんがそのとき売りたい物を1万円分入れてくれるということでやっている。僕らはそれを見てから料理を考えよう、というスタイルでやって来ました。

――なるほど。

荻野さん　僕らも勉強になりますし、大変ですけど。農家さんはそのとき、畑にあるもので畑の都合によって箱を作れるので、すごく鮮度《せんど》もいいですし、彼《かれ》らが自信を持ったものを入れてくれる。

――お店から「ニンジン」と言うんじゃない、人の都合じゃないっていうことですね。

規格外野菜のデリ
（荻野伸也さん提供）

畑の都合で、その日畑で採れたものということで。

荻野さん　畑の都合です。

流通しない食材をおいしく変身

荻野さん　ターブルオギノというブランドを作って、全国の農家さんから規格外の物を集めて商品化して、お客さまに楽しくおいしく食べてもらおうというのが私たちのコンセプトです。

「水豚」と呼ばれている、暑くて水ばっかり飲んでいて太っちゃった豚とか。逆にご飯を食べなくて痩《や》せ細っちゃって、ハムにできないぐらいの大きさにしか育たなかった豚というのが出てくるんです。そんな豚も「ちょっと加工してもらえないかな」とお話いただいて。ミンチにかけてソーセージにしたり。これで7年目に入りますね。

――7年も？

荻野さん 2012年からです。タープブルオギノというブランドは、2012年からやっています。札幌《さっぽろ》にお総菜屋さんがあって、お手伝いという形でメニュー監修《かんしゅう》で入ったんですけど。2011年の2月にオープンして、もう8年目（インタビュー当時。現在は10年目）。

ちっちゃなレストランをオープンして、お客さまに、看板メニューとして知ってもらえる物を1個作ろうと。規格とか規格外とかを意識することもなく、直接農家さんとやれるほうが付加価値も高いだろうと思い、農家さんをお友達に紹介してもらったら、たまたまその農家さんが北海道だったということだったんです。

その農家さんは循環《じゅんかん》型で、豚も育てる。糞《ふん》は、堆肥《たいひ》に回す。その堆肥で、豚の餌《えさ》や、農協に出荷する野菜も育てているというので、うまい循環をさせている大規模な農家さん。畜産《ちくさん》も農業もやっているという方です。

規格外の豚を使ったパテドカンパーニュ
（荻野伸也さん提供）

畑も案内してくださったとき、畑の端《はし》っこに、タマネギとかニンジンとか、山のように捨ててあるわけです。「これ、どうするんですか」と訊くと、一部は豚の餌になるけど、腐っちゃったら畑に戻《もど》すか、ごみとして焼却《しょうきゃく》処分するか、みたいな話だったので、「何とか流通させられないんですかね」と言ったら、「農協は引き取ってくれないので、まとめて使ってくれるところがあれば出荷はしたい」と。「じゃあ僕に送ってください」ということで、北海道でお総菜にしてお客さまに売る場をお借りして、という形で少しずつ始めたことがお店につながって。それを東京に持ってきたというのがタープルオギノなんです。

――北海道で、それを最初に始められたのが、２０１１年の２月。

荻野さん　そうです。始めたら、震災《しんさい》が起こっちゃって大変だったんですけど。

――そうですね、その1カ月後に東日本大震災が起こったんですものね。

荻野さん　スケールダウンとスピードアップって最近言っている人たちがいます。確かにそうなのかなと。もうこれ以上、物は要《い》らないので、自分が買うことによってどういう影響《えいきょう》があるかを、もうそろそろみんな考え始めているんじゃないかな、と思うんです。

欠品NGって誰のため？

――スーパーでいいなと思うのは、福岡の柳川《やながわ》の「まるまつ」。海でしけて魚が獲《と》れないとき、大手は数合わせで買っていくと言っていました。だけどまるまつの社長さんは買わない。古くてまずくて高いから。

荻野さん　確かに。

——まるまつさんは自分がおいしいと思うものを買うスタンスなんです。野菜も、ほぼ福岡産か九州産というふうになっていて、1店舗《てんぽ》しかない。柳川の高齢《こうれい》化のところで、7競合中、シェアナンバーワンです。スーパーの欠品NGって誰《だれ》のためなのかなと思うんです。

荻野さん　確かに。

——京都の八百《やお》一本館《いちほんかん》さんというスーパーも、欠品OK、というスタンス。

荻野さん　僕も先日、コンサルティングに入ってほしいと言われて中をのぞいてみたら、何十種類もお弁当があるんですけど。1日30個売れるお弁当に対して、生産量は70個だったりするんです。スーパーの考え方をそのまま総菜に持ってくると「物がないと売れない」という感覚なんでしょうね。

——「欠品駄目」なんですね。

荻野さん　そうなんです。最後の最後まで物があるようにするとなると、営業時間終わった時点で、残った物は全《すべ》て廃棄《はいき》になるんです。1日30個しか売れてないお弁当に対して生産量が70個。ということは40個、毎日捨てていたということで、「それって、何とかならないんですか」と訊いたところ、「僕らは、これでしかやってこなかったんで、これ以外のやり方が分かりません」と言うんです。

これは結構大変だなと思いながらも、変えていかなきゃいけないなと。スーパーは欠品させることに対して、ものすごい恐怖感《きょうふかん》を持っているんです。でも、最終的には、買いに行く消費者の意識の問題なのかなと思います。ないことに対して怒《おこ》ってしまうことが最大の原因なのかなという。

荻野さんは狩猟《しゅりょう》も手がけている。
イノシシのソーセージ
（荻野伸也さん提供）

——そうですね。柳川のまるまつさんの例を見ると、「いや、別になくてもいいでしょ」と思うんです。なくたって、地元のお客さんにすごく応援《おうえん》されていて。

荻野さん　確かに。

——まるまつさんは無駄《むだ》なものは、そぎ

落としているそうです。紙のチラシとか、コストが大きいので。

荻野さん　ばかにならないですもんね。

——はい。紙のチラシのコストは何千万円とかかるそうです。

食品ロス削減に向けた各国の取組み

荻野さん　オランダかどこかで廃棄予定の食材だけ使ったレストランがあるそうです。

——そうですね。イギリスでもオープンしましたよね。ヨーロッパはこの分野において先進地域だと思います。

荻野さん　すごいなと思って。ドイツだと、廃棄予定の野菜だけ集めたスーパーもあったりして。

——デンマークにもあったと思います。

荻野さん　あれって、やっぱり文化の成熟度が全然違《ちが》うからですよね。

——違いますね。2017年にフランスとイギリスを視察したんですけれども、スーパーにリデュース、リユース、リサイクルの3Rのポスターが壁《かべ》に貼《は》ってあって驚きました。ロンドンのホールフーズマーケットです。日本のスーパーで見ないですよね。

荻野さん　確かに。見切り品の棚《たな》があるぐらいですよね。

——震災以降、エシカルと言っていましたけど。そういう非常に倫理的《りんりてき》なのが多いですね。

荻野さん　僕もフランスに行った頃《ころ》に、牛乳を買おうと思って、まだガキだった僕は、奥《おく》から取ろうとするんですよ。

棚の奥から、新しそうなやつを取ろうとしたら、隣《となり》にいた黒人のおばさんに、「あんた、手前のやつを誰が買うのよ？」と言われたんです。

——えぇー。

荻野さん　僕は未《いま》だに忘れられなくて、この文化の成熟度ってすごいなっていう。本当、恥ずかしかったんですけど、社会人になる前です。フランスに留学していたことがあって、田舎のスーパーですよ。怒られたのは、未だに忘れられません。多分、一生忘れられないですね。これは日本人は勝てないなと思いました。

——本当ですね。

食品ロスを減らすいい循環を目指して

荻野さん　僕、震災のとき、やりとりしていたのは、塩釜《しおがま》の教会のシスターだったんです。最後の最後まで動いていたのはシスターだったんです。僕、じいさんが寺の住職だったんです。仏教の家に育って。でもキリスト教のカルチャーに比べると、お寺の動きというのは遅《おそ》いし、「宗教家はそういうことをするもんではない」という考え方なんです。宗教の問題なのか何なのかというのは気になっていました。

——宗教は（フードバンクの背景には）ある。だけれども宗教だけが要因じゃないなと思います。

韓国《かんこく》とか台湾《たいわん》の事例を見ていると、分かち合いという文化。日本にももちろんあるけれど、彼らの分かち合いはもっと進んでいて。韓国は、ビビンバのお店のフランチャイズみたいなのを、廃棄される前のロスになる食べ物を使って運営している人もいます。

荻野さん　そういうのも韓国は上手ですね。

——日本でも、3・11の後に、宗教の人たちが何か支援《しえん》ができないかというのがあって、「おてらおやつクラブ」を、すごいいいな、と思ったので全国の講演で話していたんです。おてらおやつの人は、私のことを知っていて、その経緯《けいい》で監事《かんじ》になって、奈良《なら》の東大寺でも講演しました。47都道府県に広がって、宗派を超《こ》えてというのがいいなと思って。

荻野さん　確かに、自分の寺もお供え物（の量）がすごかったので。

——どこのお寺ですか。

荻野さん　愛知県です。檀家《だんか》の子どもたちとかに配っていましたけど。お寺の敷地《しきち》に遊びに来た子たちに配ったり。

――おてらおやつクラブの主宰者《しゅさい》の奈良の松島靖朗《せいろう》さんに聞いたのは、子どもたちとかお母さんに喜ばれているんだけど、お寺にも喜ばれていると言って、寺自身が捨てることに対して罪悪感を抱《かか》えているということなんですね。

荻野さん　本当にそうみたいです。僕の場合は、じいさんの影響《えいきょう》というか教育で、本当に食べ物を捨てるということに対する、ものすごい抵抗《ていこう》があるんで。もちろん、うちの店では捨てることはないです。どうにもできないようなスジも、うちの犬に食べさせるとか。だしを取った後の骨も家に持って帰って、犬に食べさせたり。ゼロにはできないけど、なるべくゼロに近づけたいなというのは当たり前の話で。何か、そういった新しいことが、株式会社として持続性を持った形で、みんなが参加しやすい形でできるといいかな、っていうのは、ずっと考えていて。持続性を持たせた形で、ロスになる食材をバッと もらって、加工して売っていく。食べる人はおいしいね、安いね、と思っていただけるかどうか分からないですけれども。いい循環を生むような形でやっていけないかなと。

環境に負荷をかけない

荻野さん なるべくいちからの新しい物は作りたくない。ある物を発掘していって、それを紹介していくというのも一つのコンセプトなんです。どうしても、風前の灯火《ともしび》で消えていくカルチャーも食に関してはあるので、それをみんなに知ってもらおうと、選択肢《せんたくし》の一つに入れてもらおうというのが、一つのコンセプトなんです。

何か新しいことを立ち上げるにしても、既存《きそん》の物を使いながら、なるべくエコな形で、環境負荷《かんきょうふか》の少ない形でやりたいなって思います。

――今回、北海道から仕入れる野菜は北海道の地震《じしん》があったから量的に増えているということですか。

荻野さん 北海道で取引しているレストランさんは、買いたくても、お客さんが少ないから買えないんで、産地に野菜が余っちゃっている。できれば内地の東京のほうで使ってもらいたい。でも、うち（タ－ブルオギノ）じゃあ引き受けられる量が全然少なすぎるんで、僕が仲良くしている、本当に産地のことを考えたいい問屋《とんや》さんが、年間を通して、必ず同じ金額で買うという契約をしてるんです。大量にできようが、同じ金額で買うんで、生産者さんは安心して作れる。市場に左右されず、その問屋のためだけに価格を設定できるし、問屋も年間を通して安定して野菜をお客さんに紹介できるというお互《たが》いのメリットがあるわけです。

荻野さんの取り組みは、「料理人にできることは、市場に流通しにくいものや流通していないものを発掘し、お金を払って農家さんから買わせていただく」こと。生産者や食材になる生きものやいのちに対する敬意と謙虚《けんきょ》な姿勢がうかがえます。荻野さんのような取り組みが広がれば、社会はきっと変わるはずです。そして荻野さんのようなお店を選び、支えていくのはわたしたち消費者なのです。

次に読んでほしい本

稲盛《いなもり》和夫《かずお》
『二十一世紀の子供たちへ
——君の思いは必ず実現する』
財界研究所、2004年

今や日本を代表する経営者である稲盛和夫さんの半生が描《えが》かれています。地元の名門中学校を受験するも、結果は不合格。その後、結核《けっかく》にかかって療養《りょうよう》、大学受験の失敗。入社した会社は経営状態が苦しく、一緒に入った社員は次々辞《や》めていき、ついにたった一人残されてしまいました。「こんなことをやっていて道が開けるのだろうか」と将来を不安に思い、自暴自棄《じぼうじき》になりそうになりながらも、今やっていることを好きになり、毎日小さな工夫を重ね、ついに結果を出します。あの稲盛さんですら、こんな時代があったのか、と励まされます。日常の繰り返しでたいくつに見える日々も、自分を磨《みが》く場であると思うと新鮮《しんせん》に見えてきます。

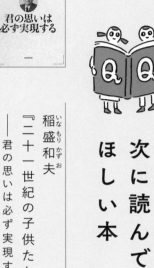

サン=テグジュペリ、内藤《ない》藤《とう》濯《あろう》訳
『星の王子さま』

岩波書店、1962年

世界中で愛読されている名作です。1943年、ニューヨークで出版されました。なぜこの物語が愛されるのか、自分が中学生の時にはわかりませんでしたが、大人になってからもこの本の一節を何度も思い起こしました。

「いちばん大切なものは目にみえない」
「肝心《かんじん》なことは心で見ないと見えない」

人生で何度も繰《く》り返し読む本、そのメッセージを長く覚えている本というのは、そう多くはありません。

著者は1900年生まれのフランス人です。航空会社の飛行士として働きながら、小説を書いており、最初はフランス語で書かれました。その後、世界各国の言語に翻訳《ほんやく》されています。英語で読むのにチャレンジしてみてもいいと思います。同じ日本語でも、翻訳者によってかなり違うので、読み比べてみるのもおもしろいでしょう。

ミヒャエル・エンデ、
大島かおり訳
『モモ』
岩波書店、1976年

30カ国以上で翻訳され、世界中で愛されている本です。小さな女の子、モモが主人公。ある日「時間貯蓄銀行」から来た灰色の男が現れます。モモは灰色の男たちと闘《たたか》います。さて、モモはどうなってしまうのでしょう？　時間とは？　いのちとは？　若い時はいくらでも時間があると思ってしまいますが、時間は有限です。この物語は、時間の大切さだけでなく、時間はいのちそのものであることも訴《うった》えています。モモは、きっと、誰《だれ》の心にも住んでいるのでしょう。

森《もり》枝《えだ》卓士《たかし》
『食べているのは生きものだ』
福音館書店、2014年

私は青年海外協力隊の食品加工隊員として、フィリピンで2年近く活動しました。派遣《はけん》される前、長野県の駒ケ根《こまがね》訓練所で、語学や社会貢献《こうけん》、国際協力について、さまざまな講義を受けました。その中に「生きている鶏《にわとり》を1羽、グループごとに、さばく」訓練があり

ました。鶏の首を切り、さかさまにして血を流し出し、熱湯につけて毛をむしりとり、身の肉をさばいていきます。残酷《ざんこく》ですが、私たちが肉屋さんやスーパーで買う鶏肉は、このようにしてさばかれたものです。私たちはいのちをいただいているのです。

この本では羊の解体など、普段《ふだん》の生活では目にすることのない様子をカラー写真で見ることができます。生きもののいのちをいただく現場を見ることで、食べ物を大切にしよう、捨てないようにしようという気持ちがより深まると思います。そんな機会はなかなかないので、この本を通して、「生きもののいのちをいただく」ということを体感してほしいです。

ジャン・ジグレール、たかおまゆみ訳、勝俣《かつまた》誠《まこと》監訳『世界の半分が飢えるのはなぜ？——ジグレール教授がわが子に語る飢餓の真実』合同出版、２００３年

いま、地球上には78億人の人たちが住んでいます。この全員が食べていけるだけの食べ物は十分、生産されています。でも、飢餓《きが》があいかわらず発生しているのは、なぜなのでしょう？　それは、食べ物＝お金であり、お金がない人には食べ物を手に入れることができないからです。紛争《ふんそう》や戦争が起きていれば、食べ物を手に入れることもできません。経

済学者アマルティア・センは、そのことを指摘《してき》しました。

ジャン・ジグレールという貧困《ひんこん》研究の第一人者が、わが子に語る口調で、なぜ食べ物は十分あるのに世界が飢《う》えてしまうのかについて、わかりやすく語ってくれます。拙著《せっちょ》『食料危機　パンデミック、バッタ、食品ロス』（PHP新書）も将来読んでいただけるとうれしいです。

田《た》村《むら》陽《よう》至《じ》

『捨てないパン屋』

清流出版、2018年

「パン」が好きな人は多いですね。でも実は、コンビニでもスーパーでもデパ地下パン屋でも、大量のパンが毎日捨てられているということは知られていません。いろんな食べもの中でも、パンは捨てられやすい食品です。

パン屋の3代目、田村陽至さんが、毎日15時間以上働き、40種類以上のパンを焼き、毎日ごみ袋《ぶくろ》いっぱいのパンを捨てるところから、なぜ2015年秋から「捨てないパン屋」になれたのかが描《えが》かれています。背景には、モンゴルでの羊の解体の体験と、ヨーロッパでのパンづくりの修業《しゅぎょう》があります。

小学校中学年以上向けには拙著『捨てないパン屋の挑戦　しあわせのレシピ』（あかね

書房、２０２１年）もあります。こちらは田村さんの幼少時から順を追って描いたノンフィクションです。こちらも併《あわ》せて読んでいただけるとありがたいです。

黒柳徹子《くろやなぎてつこ》
『窓ぎわのトットちゃん』
講談社
青い鳥文庫、
１９９１年

１９７６年から続いているテレビ番組「徹子の部屋」（テレビ朝日系列）の司会者でユニセフ親善大使として知られる黒柳徹子さんの小学校時代の日々を描いています。１９８１年に発売された、戦後最大のベストセラーで、世界各国でも翻訳されています。

トットちゃんこと黒柳徹子さんは、落ち着いて学校の授業が受けられないので、１年生の途中《とちゅう》で退学させられてしまいました。そこで転校したのがトモエ学園です。校長先生の小林先生は、トットちゃんが初めて学校へ来たとき、４時間近くもトットちゃんの話を聴いてくれました。そんな人はトットちゃんにとって初めてだったのです。

「君は、本当は、いい子なんだよ」という小林先生の言葉は、前の学校で「悪い子」としてみられていたトットちゃんを、どれだけ励《はげ》ましてくれたことでしょう。

森山まり子『愛蔵版　クマともりとひと――だれかに伝えたい、いまとても大切な話』

合同出版、2010年

兵庫県の中学校の生徒たちが、理科の先生と、クマと森を守るために立ち上がった、熊《くま》森《もり》活動の奮闘記《ふんとうき》です。先生が恩師から教えてもらった言葉に「人間はね、自分以外のもののために生きはじめたときから、ほんとうの人生がはじまるんだよ」というものがあります。本に登場する中学生は「声を上げなきゃ。行動しないとなんにも変わりませんよ」と言います。そしてマザー・テレサの言葉。

愛は、言葉でなく行動である。

「どうせ何も変わらない」とあきらめている人に知ってほしい実話です。

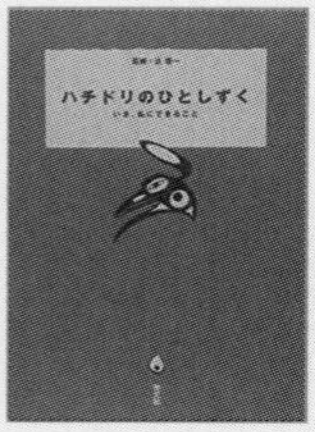

辻《つじ》信《しん》一《いち》監修
『ハチドリのひとしずく』
光文社、2005年

「自分だけががんばっても何も変わらない」「自分ひとりくらい」って思ってしまうこと、ありますね。この本は、一人の力の大切さを教えてくれる、南米アンデス地方の物語です。クリキンディという名前のハチドリが、森が火事になったとき、火を消そうと、一人でひとしずくずつ水を運びます。ほかの動物はそれを見て笑います。でもクリキンディは「私は、私にできることをしているだけ」と答えます。

本の後半には16人のインタビュー内容や、環境《かんきょう》問題に対して、一人ひとりができることについて書いてあります。

ドリアン助《すけ》川《がわ》
『夕焼けポスト』
宝島社、2011年

日没《にちぼつ》寸前の光を受けて輝《かがや》く郵便ポスト「夕焼けポスト」。ポストを通して、10通の悩《なや》みに答えていきます。

10通目のお手紙は、10歳の女の子からです。彼女には、生まれつき、右手の小指がありません。お父さんもお母さんも、そのことで悩んでいます。女の子は心配かけないように平気なふりをしていますが、本当はすごく悩んでいて、夕焼けポストを通じてお手紙を書きます。

さて、この悩みに対して、どんな回答がかえってくるでしょうか。

弱い立場の人をどれほどおもんぱかることができるかは、どんな人にとっても大切です。マイケル・サンデルさんが書いた本のように、「実力も運のうち」。自分が生きていられるのは、たまたま恵まれた環境《かんきょう》に生まれたから、なのです。

この本を書いたのはドリアン助川さん。ドリアンさんが書いて映画化された『あん』（ポプラ社）もお勧《すす》めです。

井出留美

いで・るみ

食品ロス問題ジャーナリスト。office3.11代表。奈良女子大学食物学科卒。博士（栄養学／女子栄養大学大学院）、修士（農学／東京大学大学院農学生命科学研究科）。ライオン、青年海外協力隊、日本ケロッグ広報室長などを経て独立。日本初のフードバンクの広報を委託されるなど食品ロス問題に取り組み、「食品ロス削減推進法」の成立にも協力。第2回食生活ジャーナリスト大賞食文化部門受賞、Yahoo! ニュース個人オーサーアワード2018受賞、令和2年度食品ロス削減推進大賞消費者庁長官賞受賞。著書に『捨てられる食べものたち』（旬報社）、『食品ロスの大研究』（PHP 研究所）などがある。

ちくまQブックス

SDGs《エスディージーズ》時代《じだい》の食《た》べ方《かた》

世界《せかい》が飢《う》えるのはなぜ？

2021年10月20日　初版第一刷発行

著者　井出留美

装幀　鈴木千佳子

発行者　喜入冬子

発行所　株式会社筑摩書房

東京都台東区蔵前2-5-3　〒111-8755

電話番号03-5687-2601（代表）

印刷・製本　中央精版印刷株式会社

ISBN978-4-480-25116-9　C0336